Courtney Gustafson

Katzen und Kapitalismus

Courtney Gustafson

KATZEN UND KAPITALISMUS

Aus dem amerikanischen Englisch
von Katharina Martl

park x ullstein

Wir verpflichten uns zu Nachhaltigkeit

- Papiere aus nachhaltiger Waldwirtschaft und anderen kontrollierten Quellen
- Druckfarben auf pflanzlicher Basis
- ullstein.de/nachhaltigkeit

Die Originalausgabe erschien 2025
unter dem Titel *Poets Square. A Memoir in Thirty Cats*
bei The Crown Publishing Group, New York.

FSC
www.fsc.org
MIX
Papier | Fördert gute Waldnutzung
FSC® C014496

park x ullstein ist ein Verlag
der Ullstein Buchverlage GmbH
www.parkxullstein.de
Instagram: @parkxullstein

ISBN: 978-3-98816-007-2

Bei Fragen zur Produktsicherheit wenden Sie sich bitte an
produktsicherheit@ullstein.de
Gesetzt aus der Adobe Garamond Pro
Satz: Arnold & Domnick, Leipzig
Druck und Bindearbeiten: GGP Media GmbH, Pößneck
Printed in Germany

Für Monkey

Der Unterschied zwischen *wild* und *verwildert* erscheint vielleicht spitzfindig, ist aber entscheidend. Ein wildes Tier ist darauf gepolt, ohne menschlichen Einfluss zu überleben. Für ein verwildertes Tier gilt das nicht. Verwildert sind Tiere, deren Spezies einst vom Menschen domestiziert und dann aus irgendeinem Grund sich selbst überlassen worden ist. Verwilderte Tiere – ihre Geschichte, ihre Zukunft, ihr Schicksal – sind untrennbar mit der Menschheit verbunden, ihre Leben mit unseren verknüpft.

Verwildert bedeutet bei aller implizierten Wildheit nichts anderes, als dass ein Tier von dem System, das es hervorgebracht hat, im Stich gelassen wurde.

Inhalt

Poets Square

Ich zog als Erste in das kleine Backsteinhaus im Poets Square. Tims alter Mietvertrag lief noch ein paar Wochen, er packte seine Sachen, räumte seine Schubladen aus und schrubbte alles gründlich genug, um seine Kaution wiederzubekommen. Ich hatte meine bisherige Wohnung schon hinter mir gelassen. Mein ganzes Leben öffnete sich für die Möglichkeiten, die unsere Bleibe, das kleine Mietshaus, das wir zusammen ausgesucht hatten, für uns bereithielt. Ich war bereit für einen Neuanfang.

Ich schlief nur auf einer Matratze in dem Raum, der unser Schlafzimmer werden sollte. Ich malte mir alles aus: die Bilder an den Wänden, die Anlage im Wohnzimmer, die Hintergrundmusik. Das Refugium, das wir uns hier schaffen würden, ein Versteck vor all dem, was gerade auf der Welt passierte. Es war ein ruhiges Viertel. Hier würden wir von allen Problemen verschont bleiben.

Als ich an diesem ersten Abend im neuen Haus allein im leeren Wohnzimmer saß, klang jeder noch so kleine Laut nach. Der Fernseher war noch nicht angeschlossen, das WLAN funktionierte nicht. Ich verbrachte den Abend mit Horchen und tauchte in die Geräusche der Nachbarschaft ein. Ein Geräusch an der

Tür, vielleicht vom Wind. Ein Geräusch im Hinterhof. Etwas, das sich anhörte wie Schritte auf dem Dach.

Immer wieder spähte ich nach draußen – hatte da die Tür gescheppert? Etwas gegen das Fenster geklopft? –, aber ich sah nichts. Vielleicht hätte ich es als Einbildung abgetan, aber meine Hündin Maggie hörte es auch: Ihre Ohren drehten sich immer wieder in Richtung der trippelnden Laute an der Schlafzimmerdecke. In dieser Nacht blieb ich wach, hörte die Mülltonnen in der Auffahrt rumpeln und beobachtete, wie der Bewegungsmelder immer wieder die Flutlichter anspringen ließ. Aber keine Spur von irgendjemandem.

Als ich am nächsten Morgen früh aufstand und, durch das Tageslicht wieder mutiger, vor die Tür ging, waren die Spuren unübersehbar. Überall auf den Eingangsstufen, dem Dach, in der Auffahrt sah ich kleine Pfotenabdrücke.

Bevor wir zusammenzogen, lebte Tim zehn Minuten entfernt von mir in der Innenstadt von Tucson in einem Mehrparteienhaus mit einem geschlossenen Innenhof, durch den immer ein paar streunende Katzen strichen. Eine mochten wir besonders, eine große braune, die wir Mushroom Risotto getauft hatten. *Alles kann ein Katzenname sein*, erklärte mir Tim. So hatte ich das noch nie gesehen. Ich zerbrach mir jedes Mal krampfhaft den Kopf über einen passenden Namen. Tim hingegen traf draußen im Dunkeln eine Streunerkatze und benannte sie unumwunden nach unserem letzten Abendessen.

Es war der Sommer, in dem die Berge in Flammen standen. Wir konnten den niedrig dahinziehenden Rauch in der ganzen Stadt riechen. Die Pandemie hatte begonnen, und Tim und ich waren allein in unserer Blase, allein in unserer frischen Beziehung. Ich verbrachte jede Nacht in seiner Wohnung, und vom Balkon seines Hauses aus überblickten wir alles: die heulenden Rettungswagen auf dem Weg zum Krankenhaus, die Proteste vor der Polizeistation, die Flammen, die sich in die Berge fraßen; die Katzen, die durchs Gebüsch wanderten, und ihre gelegentlichen nächtlichen Schreie.

Der Sommer fühlte sich gleichzeitig angespannt und unbeschwert an, wir hatten die Probleme der Welt vor Augen, waren aber irgendwie weit weg von ihnen. Die Brände, die sich durch die Wälder wälzten – was konnten wir schon dagegen ausrichten? Ich ging zur Arbeit, trug Maske, schützte mich vor dem Rauch und konzentrierte mich voll und ganz auf mich selbst, auf Tim, auf mein zukünftiges Leben in unserer gerade aufkeimenden Beziehung. Ich hielt mich damals für einen guten Menschen. Ich hatte die Berge schließlich nicht angezündet. Jeden Abend saß ich bei Tim auf dem Sofa, sah ihm zu, wie er für mich kochte, genoss die Sicherheit seiner abgeschirmten Wohnanlage, die warmen Mahlzeiten, seine Aufmerksamkeit. Jeden Abend begleitete er mich zurück zu meinem Auto, und wir küssten uns im Dunkeln, suchten nach Mushroom Risotto, deren Wuschelpelz in die Nacht verschwand. Das erste Mal in meinem kleinen, unbedeutenden Leben hatte ich das Gefühl, die Welt könnte untergehen, und statt etwas dagegen zu unternehmen, war ich damit beschäftigt, mich zu verlieben.

Bei Tageslicht folgte ich den Pfotenabdrücken ums Haus und versuchte zu rekonstruieren, woher eine Katze gekommen und wohin sie gegangen sein könnte, aber es waren zu viele Spuren, um schlau daraus zu werden. Tim gegenüber erwähnte ich nichts, auch nicht, als schon ein paar Wochen ins Land gegangen und wir gemeinsam in unser neues Schlafzimmer gezogen waren. Jede Nacht hörte ich die Katze – zwei Katzen? Vielleicht drei? – auf dem Dach herumtänzeln, vom Zaun springen, über die Auffahrt huschen.

Ständig hatte ich Angst, alles zu vermasseln. Zum ersten Mal seit Jahren hatte ich das Gefühl, dass etwas in meinem Leben richtig lief, dass ich einfach ins Bett kriechen, mich behaglich und geborgen wissen konnte, ohne Sorgen, ohne Verantwortung, ohne irgendwem etwas schuldig zu sein. Sicherlich stammten die Geräusche nur von einer Nachbarskatze.

Die Gegend war ruhiger als mein altes Viertel, und auch dunkler, es gab keine Straßenlaternen, und vom Hof aus konnte ich die Sterne deutlicher sehen als an jedem Ort, an dem ich bisher gelebt hatte. Wenn Tim ins Bett gegangen war, schlich ich mich jeden Abend im Dunkeln hinaus, stand still da und bestaunte die Sternbilder, die sich über mir erstreckten. Dabei wusste ich, dass ich eigentlich nach etwas anderem als Sternen Ausschau hielt. Wenn ich nur lang genug stillhielt, sah ich sie: leuchtende Augenpaare, ein raschelnd im Gebüsch verschwindender Schwanz. Da waren mehr als drei Katzen. In der Dunkelheit beobachteten wir einander.

Ist dir aufgefallen, fragte Tim eines Morgens, als er gerade in unserer neuen Küche Kaffee kochte, *dass hier immer ein paar Katzen rumlaufen?*

Ja, sagte ich. *Ein paar.*

Die erste Katze, die ich bei Tageslicht sah, war grau und weiß, dünn und langbeinig, und sie schlief tief und fest auf der Motorhaube meines Autos, als ich gerade das Haus verließ, um zur Arbeit zu fahren. *Entschuldigung*, flüsterte ich, und als ich mit meinem Schlüsselbund klimperte, riss sie ihre gelben Augen weit auf, machte einen panischen Katzenbuckel und schoss davon. Als ich am Abend nach Hause kam, saß eine schwarze Katze auf den Eingangsstufen. Am nächsten Morgen huschte ein buschiger orangefarbener Schwanz ins Gebüsch, auf dem Zaun hockte eine dreifarbige Katze. Im Haus schleppte Tim Kisten. Wir wickelten immer noch Tassen aus, um in der Küche unseren Morgenkaffee zu trinken.

Ah ja, sagte er, als ich von der bunten Katze erzählte. *Die hab ich heute auch schon gesehen.* Er linste durch die Jalousien nach draußen. *Oh*, sagte er. *Das ist eine andere.*

Ich schwöre, es kam vor, dass ich aus dem Fenster schaute und dort eine einsame schwarze Katze wie ein Omen sitzen sah, und wenn ich eine Sekunde später erneut schaute, saß da stattdessen eine weiße. Mit jedem Wimpernschlag schien da draußen vor dem Haus eine neue Katze aufzutauchen, wie durch ein Portal. Ich ging raus, um die Post zu holen, und als ich in den Himmel schaute, saß da eine riesige Katze in der Krone unseres Baums und blickte auf mich herunter. Ich öffnete die Hintertür, und vor mir stand plötzlich eine geschmeidige Siamkatze, die Beine dunkel, als trüge sie kniehohe Stiefel, und mit extrem schielenden blauen Augen. Es war wie in einer Show mit versteckter Kamera, als wollte jemand herausfinden, wie viele verschiedene Katzen er in unserer Ausfahrt aussetzen konnte, bis wir durchdrehten.

Ich machte mir Notizen, führte Buch über die Katzen. *Die weiße, die du heute Morgen gesehen hast*, fragte ich Tim bei einem unserer Telefonate in der Mittagspause. *Hatte die kurzes Fell oder langes?* Ich hatte ein kleines Notizbuch gezückt, kontrollierte meine Liste. *Langes*, sagte er. *Und auch nicht ganz weiß. Sie war ein bisschen rot am Schwanz.*

Die war neu. Ich machte einen Eintrag.

Wo kommen die denn her?, fragte Tim. *Wo verstecken die sich?* Bei der Hausbesichtigung hatten wir keine einzige Katze gesehen. Tagsüber ließen sie sich immer noch kaum blicken. Wir sprachen die Vermieterin darauf an, stellten uns extra bei den Nachbarn vor, um herauszufinden, ob sie etwas über die Katzen wussten. Ein bisschen hatte ich Angst, dass sie Nein sagen würden, dass ich mir vielleicht alles nur einbildete. Die Vermieterin meinte, die Katzen gehörten wohl einem Nachbarn. Auch an ein paar herrenlose Katzen erinnerte sie sich vage. *Jaja*, sagten die Nachbarn und winkten ab. *Hier sind ein paar Streuner unterwegs.*

Zu der Zeit, als wir zusammenzogen, machte Tim viel Risotto. Er kochte gern, und ganz besonders gern immer und immer wieder das gleiche Gericht, feilte und justierte an den Aromen. Mein ungeübter Gaumen konnte nie einen Unterschied schmecken, aber Tim nickte, schmatzte, kostete jeden Löffel aus und merkte, wie er sich nach und nach verbesserte. Ich beneidete ihn. Um seine Hingabe, seine Präzision.

Fast jeden Abend bereitete Tim einen großen Topf voll zu, stand über den Herd gebeugt und rührte ohne Unterlass, während ich es mir auf der Couch gemütlich gemacht hatte oder in der Küche herumwerkelte. Ich kochte nicht. Dass ich mich kaum selbst versorgen konnte, war mir immer wie ein großer Makel vorgekommen. So gut umsorgt hatte ich mich schon lange nicht mehr gefühlt, und ich genoss es in vollen Zügen. Jahrelang war ich im Überlebensmodus gewesen, hatte allein gewohnt, und es hatte mich so ermüdet, dass ich nichts mehr in mir hatte, um mich um jemand anderen zu kümmern.

Und dann waren da plötzlich täglich diese dampfenden Schalen voll buttrigem Reis, sämig eingekocht, die nussigen Pilze, der Käse, den Tim darüber rieb. Das gemütliche Haus, das wir auf einmal teilten. Die Katzen vor der Tür. Wir hatten angefangen, ihretwegen zu streiten, nur ein klein wenig. Ich machte mir Sorgen um die Katzen, um jede einzelne, selbst um die, die ich noch gar nicht zu Gesicht bekommen hatte. Meiner letzten Zählung zufolge waren es mindestens ein Dutzend. Wie lange überlebten sie schon da draußen? Sollte ich sie füttern? Ich vermied es ganz bewusst, ihnen Namen zu geben, um nicht mein Herz an sie zu hängen.

Inzwischen war es September geworden und das Feuer in den Bergen bis auf ein schwelendes Band am Horizont erloschen. Von unserem Hinterhof aus konnte ich sie sehen, die Brandnarbe, die roten Streifen des Feuerschutzmittels, das von den Hubschraubern abgeworfen wurde. *Siehst du*, dachte ich bei mir, als ich mich in unser neues gemeinsames Bett kuschelte. *Sie haben das Feuer auch ohne deine Hilfe gelöscht.* Wenn ich etwas nur lang genug ignorierte, würde sich schon jemand anders darum kümmern.

Die ganzen Katzen, die da draußen schrien: Sie brauchten mich nicht. Fast hätte ich mir geglaubt.

Als Kind hatte ich eine solche Schwäche für Katzen, dass ich oft so tat, als wäre ich selbst eine. Weit über das Alter hinaus, in dem das noch als süß durchging, krabbelte ich auf allen vieren und verweigerte das Frühstück, wenn meine Eltern mir die Cornflakes nicht in einem Katzenschälchen auf dem Boden servierten. Wir hatten eine Katze – eine mürrische Dreifarbige mit einem aus unerfindlichen Gründen immer fettigen Fell –, und obwohl sie sich kaum von mir anfassen ließ, fand ich sie ganz reizend, beinahe magisch, diese seltsame kleine Kreatur, die einfach bei uns wohnte und nichts tat, außer dazusitzen und zu fauchen. Die holzvertäfelten Wände meines Kinderzimmers waren tapeziert mit Hochglanzpostern von Welpen und Kätzchen, auf deren Näschen sich Schmetterlinge niedergelassen hatten, Tierbabys, die aus Körben purzelten und in Gärten posierten.

Ich liebte Tiere. Ich war ein Katzenmensch.

Was mir nicht klar war, selbst als Erwachsene, die hin und wieder die Hunde im Tierheim Gassi führte, war die animalische Natur echter Tiere, ihre Wildheit. Ihre biologische Veranlagung. Wie sie gebären und wie sie sterben, wie sie sich fortpflanzen und was sie tun, um zu überleben.

Katzen waren mir immer ein Trost gewesen: Sie waren sanfte Wesen, die ihr ruhiges Leben in unseren Häusern verbrachten, sich vor dem Kamin einrollten, mit den Pfoten eine Wolldecke kneteten, immer schläfrig und zufrieden. Nie hatte ich darüber nachgedacht – darüber nachdenken *müssen* –, was mit Katzen passiert, wenn man sie nach draußen verfrachtet und sich selbst überlässt, wenn sie zu ihrer Wildheit zurückkehren und ihre ganze brutale Veranlagung ihren Lauf nimmt.

Ich wusste nicht, wie man Tiere so lieben sollte.

Meine einzige Erfahrung mit toten Katzen, eigentlich überhaupt mit dem Tod, hatte ich mit der bunten Katze meiner Kindheit gemacht, die im Alter von fünfzehn Jahren, ohne zu leiden, im Arm meiner Mutter beim Tierarzt starb. Ich war dabei gewesen, war mit im Raum geblieben, obwohl der Tierarzt mich gefragt hatte, ob ich gehen wolle. Tapfer war ich mir vorgekommen, als könnte ich damit behaupten, ich hätte dem Tod beigewohnt.

Doch ich hatte bloß einem Tod beigewohnt, der mit Edelstahl und einer Spritze eingeleitet wurde. Dem Geschenk eines schmerzlosen Endes nach einem langen Leben. Für eine Katze, die nie ohne Menschen gewesen war, keinen Tag in ihrem fünfzehnjährigen Leben.

Die Katzen draußen vor dem Haus im Poets Square hatten keine Menschen. Sie schienen sie auch nicht zu vermissen. Sie waren verwildert, flohen vor uns. Sobald wir die Tür öffneten, nahmen sie fauchend Reißaus, stoben auseinander. Sie schienen einer ganz anderen Spezies anzugehören als die Katzen, die ich kannte. Wie sie unseren Müll durchwühlten und davonschossen, durch die Dunkelheit huschten und mit ihren kleinen Tatzen übers Dach kratzten, hätte es sich genauso gut um eine Waschbärenfamilie handeln können.

Tim war in einem Trailer in einer ländlichen Gegend aufgewachsen, hatte seine Zeit in der Landjugend verbracht, und kannte den Umgang mit Tieren in all seinen Facetten. Auch ihre hässlichen Seiten. Ihm war lange vor mir klar, was den Katzen um unser Haus blühte. Wie sie sich vermehren und wie sie sterben würden, wie wenig wir dagegen in der Hand hatten. *Fressen sie Vögel?*, fragte ich ihn. *Gibt's hier Mäuse?* Ich begriff nicht, wie sie überlebten. Begriff nicht, dass sie das eben nicht taten.

Tim hatte Hofkatzen gehabt, Streuner. In seiner Kindheit war es ganz normal gewesen, dass manchmal eine Katze auftauchte und Kätzchen warf und dass diese Kätzchen es nicht alle schafften. *Oh Gott*, sagte ich die ganze Zeit, angesichts all der Dinge, über die ich mir noch nie hatte Gedanken machen müssen. Es dämmerte gerade, und wir beobachteten ein paar der Katzen, die um den Hof streiften. An Kätzchen hatte ich noch gar nicht gedacht. Waren hier etwa irgendwo Kätzchen? Hatte ich klitzekleine Pfotenspuren übersehen?

Tim zuckte mit den Schultern. *Denen geht's gut. Sie haben lange genug ohne dich überlebt.*

Die Katzen waren auch eine Plage. Ich hatte schon einen Hund, meinen süßen, tollpatschigen Boxer-Mischling Maggie, und unsere Wahl war nicht zuletzt wegen des umzäunten Grundstücks auf das Haus im Poets Square gefallen, damit sie dort in Ruhe im schattigen Gras liegen konnte. Aber Maggie, das wurde uns bald klar, sah die Katzen als Beute an. Ich musste den Garten kontrollieren, bevor ich sie rauslassen konnte, und die Katzen kletterten auf die Mauer, um sie aus sicherer Entfernung zu ärgern. Manchmal schärften sie an der Fußmatte vor der Haustür ihre Krallen, und das Geräusch versetzte Maggie in Rage. Sie warf den Kopf in den Nacken, fixierte winselnd die Tür. Die ganze Nacht starrte sie die Decke an, wo sie sie hin und her laufen hörte.

Ich machte mir Sorgen, Maggie könnte eine Katze verletzen. Oder ich. Jeden Morgen hämmerten Tim und ich mit der Faust auf die Motorhauben unserer Autos, und eine Katze – jeden Tag eine andere – kam aus dem Motor geschossen, bevor wir ihn anließen. Ich fing an, die gesamte Auffahrt zu kontrollieren, bevor ich zur Arbeit aufbrach, stieg immer wieder aus meinem Auto, um dreimal zu überprüfen, dass keine Katzen hinter meinen Reifen saßen. Die Katzen buddelten Löcher im Garten, zerkratzten das Dach, pinkelten überallhin. Der Geruch machte Maggie jeden Morgen ganz verrückt. Inzwischen zählte ich dreißig Katzen.

Als ich Google um Rat fragte – *Was tun bei Streunerkatzen auf dem Dach?* –, bekam ich Werbung für einen Kammerjäger angezeigt.

Schnelle, diskrete Lösung Ihres Katzenproblems, hieß es in der Anzeige. Was genau sie mit den Katzen machen würden, stand da nicht. Schnell klappte ich den Laptop zu, spürte, wie sich die Scham in meinem Körper ausbreitete. Ich ging raus und entschuldigte mich bei der Nachtluft, in der Hoffnung, dass die Katzen es in ihren Verstecken in den Dachvorsprüngen hörten.

Sosehr sie auch nervten, stand es nie zur Debatte, dass ich sie ins Herz schließen würde. Die schmuddelige Dreifarbige, die immer fauchte, wenn ich an ihr vorbeikam. Die neue Weiße, die eines Nachts auftauchte, mich aus einer Ecke mit ihren aufgerissenen dunklen Augen anstarrte und dann abhaute.

Es gab eine kleine rote Katze, die mir manchmal hinterherlief, wenn ich zum Briefkasten ging, und eine riesige rote, die mich immer mit gleichmütiger Miene vom Dachrand aus musterte. Vor der Tür saß andauernd eine winzige braun getigerte mit ernsten grünen Augen und schaute ängstlich drein.

Einige der Katzen waren nicht auseinanderzuhalten. Ich dachte, da wäre nur eine grauweiße, bis ich zwei gleichzeitig sah, und dann drei, und dann vier. Keine der Katzen ließ sich von mir anfassen, die meisten rannten weg und versteckten sich, wenn ich vor die Tür trat. Also beobachtete ich sie wie im Zoo durch die Scheibe. Immer häufiger ertappte ich mich dabei, wie ich aus dem Küchenfenster schaute, während die Katzen da draußen ihr Dasein fristeten. Wie ich sie studierte, katalogisierte, beinahe misstrauisch beäugte. Wie ich sie herausforderte, etwas von mir zu verlangen.

Und eines Tages, ich stand gerade in der Küche, schrieb Tim mir aus der Auffahrt eine Nachricht.

Babe, las ich. *Ich streichle gerade eine Katze.* Es war die Katze, die wir schließlich Beebs nennen würden, kurz für BeeBee, was wiederum die Kurzform für Belinda war. Nur ein Quatschname, den wir uns am Abend aus den Fingern saugten, als schuldeten wir einer Katze, die wir einmal berührt hatten, eine Identität. Beebs war zutraulich und grau getigert, und an diesem Abend beobachtete ich, wie Tim in seiner Arbeitskluft am Straßenrand hockte und sie ihren Kopf an seiner Hand rieb.

So fing es an.

Nach Beebs nannten wir eine der Katzen Monkey. Es war die fauchende Dreifarbige mit den schwarzen und roten Flecken. Nach Monkey bekam ihre Schwester einen Namen, auch sie bunt, aber das Negativ; sie war vor allem weiß, mit nur wenig Schwarz und Rot am Schwanz. Sie nannten wir Reverse Monkey.

Ich notierte Namen und Beschreibungen auf meiner Liste, versuchte, alle zu identifizieren, die sieben weißen Katzen mit blauen Augen, die drei bunten, die zwei roten und die vielen braun getigerten Katzen auseinanderzuhalten.

Den Katzen Namen zu geben war gefährlich, das wusste ich. Sie unterscheiden zu können bedeutete auch, dass ich merkte, wenn eine fehlte. Vorher waren sie nur eine vielköpfige Masse gewesen, eine ständig wechselnde, willkürliche Rotation von Tieren, die in unserer Auffahrt auftauchten, aber jetzt, da ich sie zuordnen konnte, erkannte ich sie wieder, und ich wusste von der ersten Sekunde an, dass mich das komplett vereinnahmen würde. Jeden Morgen hielt ich Ausschau nach BeeBee, Monkey und Reverse Monkey. Und nach den Katzen, die wir Stephanie und Rihanna getauft hatten, nach Georgie und Alien, Mr. Business und Dr. Big Butt und Sad Mouth Sam. Und nach Muppet und Mini und Sad Boy und Mama, Potato und Possum und Hambone.

So alberne Namen für so ernsthafte Katzen. Sam war die Siamkatze mit den schielenden Augen und dem schiefen Maul, die mich immer von unter dem Nachbarsauto anstierte. Stephanie hatte langes schwarzes Fell, saß oft auf unseren Eingangsstufen und nieste durch ihre rotzverkrustete Nase. Hambone hatte kleine Wunden am Rücken und war die schreckhafteste Katze, die ich je gesehen hatte, ständig zitterte er und fürchtete sich vor seinen eigenen bebenden Schnurrhaaren.

Reverse Monkey war ein winziges, verhuschtes Ding. Sie begriff jetzt langsam, dass wir wirklich hier wohnten, lernte unsere Routinen und wartete vor der Tür auf mich, nur um dann hochzuschrecken, wenn ich sie öffnete. Sie blinzelte mich die ganze Zeit aus ihren großen gelben Augen an, neugierig und ein wenig ängstlich zugleich. Eines ihrer Augen war entzündet und immer rot und nässend, das kleine weiße Gesicht schleimverschmiert. Ich hatte mir angewöhnt, morgens meinen Tee in der Auffahrt zu trinken, während Reverse Monkey mich aus fünf Metern Entfernung fixierte, dann nur noch aus zwei Metern und schließlich aus anderthalb. Sie behielt mich dabei so argwöhnisch im Auge, als könnte ich mich jeden Moment auf sie stürzen.

Wäre da nur sie in der Auffahrt gewesen, hätten wir nicht dreißig Katzen um unser Haus gehabt, sondern nur eine, nur Reverse Monkey, hätte ich gewusst, was zu tun ist. Als Kind hatte ich immer wieder Streuner gefüttert, die maunzend vor unserer Haustür aufgetaucht waren. Ich wusste, was das Richtige war. Wenn eine abgemagerte Katze vor der Tür steht, machst du ihr auf. Aber das mathematische Problem, vor dem ich jetzt stand – das Richtige tun, aber multipliziert mit dreißig –, überforderte mich. Die Rechnung ging einfach nicht auf. Ich liebte Katzen. Ich wollte ihnen helfen. Aber es waren dreißig Stück. Ich konnte keine dreißig Katzen mit ins Haus nehmen.

Eigentlich konnte ich sie nicht einmal draußen füttern. Unser Mietvertrag verbot uns ausdrücklich, Tiere im Hof zu füttern – ob die Vermieterin mit der Klausel die Katzen meinte, war unklar –, und so einfach es im Nachhinein erscheint, diese Regel anzufechten, so fragwürdig war es in diesem Moment, dafür sein Dach über dem Kopf zu riskieren. Wir steckten mitten in einer Pandemie, Wohnungen waren rar, und die Mieten explodierten. Jeden Tag wurden Leute obdachlos, verloren ihre Jobs und infizierten sich auf der Straße mit Covid. Katzenfutter war teuer, und Katzenfutter für dreißig Katzen war mit meinem Budget keine Option. Mehr als einmal streifte ich durch die Tierfutterregale bei Walmart, addierte im Kopf die Preise und kapitulierte.

Ich dachte an Reverse Monkey in unserer Auffahrt, an all die abgemagerten Katzen, die unsere Autos umkreisten. Dachte: *Vielleicht wäre ich mit mehr Geld ein besserer Mensch.*

Das Haus im Poets Square hatte so viel Liebenswertes an sich. Unsere Vermieterin hatte dort mit ihrem Sohn gewohnt, in der Küche sah man noch die Striche am Türrahmen, mit denen sie seine Größe gemessen hatte. Die Schlafzimmertür war in einem kindlichen Grünton gestrichen, an der Decke klebten noch Leuchtsterne. Wie sehr ich mir wünschte, mein Leben wäre voller Güte und Fürsorge. Ich wollte mich daran wärmen. Daran, wie Tim für mich kochte, am süßen Pfannkuchenduft, der mich morgens weckte. Ich war nie eine Optimistin gewesen, aber so stark wie jetzt hatte ich noch nie unter dem Zustand der Welt gelitten, unter all den Dingen, die falsch liefen und die ich nicht in Ordnung bringen konnte. Die Pandemie wütete weiter, in unserem Bekanntenkreis starben Menschen. Meine Familie lebte auf der anderen Seite des Landes. Mein Job, mein kaltes, leeres, steriles Büro erschienen mir trostlos.

Draußen jaulten die ganze Nacht die Katzen.

Wenn wir beim Abendessen auf der Couch eine Katze schreien hörten, lief ich raus, ließ alles stehen und liegen. Ich hatte neuerdings ständig ein flaues Gefühl im Magen, das sich nur lindern ließ, indem ich mich im Schneidersitz draußen in die Auffahrt setzte und mich stumm von den Katzen umkreisen ließ, sodass ich alle im Auge behalten konnte. Ich beobachtete die Bewegungen ihrer dunklen Silhouetten auf dem Dach, das Blitzen ihrer leuchtenden Augen in den Bäumen.

Bald machte ich tägliche Bestandsaufnahmen, drehte Kontrollrunden, musste mich ständig vergewissern, dass alle okay waren. Ich verstreute heimlich kleine Mengen Trockenfutter im Carport, in der Hoffnung, dass die Vermieterin es nicht merkte. Ich stellte eine Schale mit frischem Wasser in den Schatten der Mauer. Ließ eine einzelne zusammengelegte Wolldecke vor der Tür liegen. Meine kleine Opfergabe an die Katze, die sie sich aussuchen würde.

Ich weinte viel. *Ich weiß, dass ich nicht alle retten kann*, sagte ich zu Tim. *Ich will sie nur nicht leiden sehen.*

Das erschien mir damals selbstlos. Es würde noch ein Jahr dauern, bis ich darüber nachdachte, wo der Unterschied lag zwischen *Ich will nicht, dass sie leiden* und *Ich will sie nicht leiden SEHEN*. Wie leicht es mir gefallen war, mich für einen guten Menschen zu halten, bis das Leid direkt vor meiner Tür stattfand. Bis ich gezwungen war, ihm in die Augen zu sehen.

Reverse Monkey hatte Anspruch auf die Decke neben der Tür erhoben, jeden Morgen fand ich sie dort. Eingerollt gegen die Kälte, sah sie zu mir hoch, als wollte sie mich anflehen; mir etwas mitteilen, das ich nicht begriff. Dass sie trächtig war, wusste ich nicht.

Die Katzen jaulten die ganze Nacht, und morgens tauchten sie mit Wunden auf, plötzlich humpelnd und blutig, mit zerfetzten Gesichtern. Sie hatten stumpfes Fell, vorstehende Rippen. Es waren so viele, und jeden Tag sah ich zu ihnen hinaus und empfand Scham, ein dumpf brennendes Schuldgefühl, von dem ich nicht wusste, wohin damit, ganz ähnlich dieser spezifischen Scham eines Kindes, das auf dem Jahrmarkt einen Goldfisch gewonnen hat und ihn tags darauf mit dem Bauch nach oben im Wasser findet. Als hätte ich ein Lebewesen im Stich gelassen, ohne überhaupt die Chance gehabt zu haben, es besser zu machen.

Ich begann, von Mushroom Risotto zu träumen, dem Kater aus dem Hof von Tims alter Wohnung. Wie leichtfertig hatten wir ihm einen Namen gegeben, ihn jeden Abend begrüßt. Gehörte er jemandem? War er ausgebüxt? Er hatte immer neugierig gemaunzt, wenn wir uns dort im Dunkeln zum Abschied geküsst hatten. Wir hatten die Tage gezählt, bis wir uns endlich nicht mehr jeden Abend trennen mussten, bis wir jeden Morgen im selben Haus aufwachen würden. *Gute Nacht, Mushroom Risotto*, sagten wir, und er flitzte davon, knapp außer Reichweite, und sah uns ängstlich und sehnsüchtig zugleich an. War er ein Streuner? Waren da noch mehr? Ich hatte seine Existenz einfach hingenommen. Nie war mir in den Sinn gekommen, ihn zu füttern.

Im Poets Square fragte ich mich immer wieder, wie unsere Vormieter mit den Katzen umgegangen waren, warum ihnen offenbar niemand sonst geholfen hatte, warum die Nachbarn mich abwimmelten. *Hier sind ein paar Streuner unterwegs*, hatten sie gesagt.

Das Haus hatte einen überdachten Carport, aber statt eins unserer Autos dort zu parken, reservierten wir den Platz für die Katzen. Wenn es regnete, heftige, sintflutartige Monsunstürme aufzogen, versammelten sie sich alle im Carport und versuchten, trocken zu bleiben. *Da draußen hockt eine Horde nasser Katzen*, sagte Tim dann, und nach dem Sturm ging ich mit trockenen Handtüchern und Leckerli nach draußen. Nach und nach schleppte ich immer mehr Zeug dorthin, kleine Betten, Spielsachen, und jeden Morgen sah ich als Erstes nach den Katzen im Carport. Die Betten waren voller Katzenhaare, die Leckerli längst vertilgt.

Ich wollte die Katzen lieben, wie ich es gewohnt war: mit albernen Namen und niedlichem Spielzeug, einer Handvoll Leckerli und warmen Decken. Die Katzen fauchten und türmten weiterhin, weigerten sich, vom Dach zu kommen. Sie scharten sich um die kleinen Mengen Futter, die ich mir leisten konnte. Das Spielzeug ließen sie links liegen. Sie wussten nicht, wie man spielt. Sie kannten ihre Namen nicht. Mir wurde klar, dass sie sich paarten, wenn sie die ganze Nacht jaulten und schrien. Sie vermehrten sich. Sie kamen zu Schaden. Sie starben.

Ich dachte an die bunte Katze meiner Kindheit, die ich hatte sterben sehen. Das hier war etwas völlig anderes.

Diese Katzen starben langsam, an Krankheit und Hunger, oder sie starben plötzlich, auf der Straße, während Autos vorbeirasten. Sie starben, bevor sie überhaupt geboren wurden, und das ist meine schmerzlichste Erinnerung aus jenen ersten Monaten im neuen Haus: wie ich eines Morgens in die Kälte hinausging und Reverse Monkey in einer Ecke kauern sah, schwer atmend, mit ihren toten Kätzchen.

Mein ganzes Leben lang hatte ich Tiere geliebt. *Wie traumhaft*, sagten die Leute, wenn ich ihnen erzählte, dass ich versehentlich in ein Haus mit dreißig Streunern gezogen war.

Du Glückliche, sagten sie. *Ich liebe Katzen.*

Auch ich liebte Katzen, aber so hatte ich Katzen noch nie geliebt: in ihrer wildesten, brutalsten Form, von der Natur ereilt, sodass ihnen nur noch Leid, Hunger und Tod blieben. Ich sammelte Reverse Monkeys tote Kätzchen auf, bettete sie mit einer Decke in eine Schachtel, als wären sie noch am Leben, und ließ meinen Blick über die Auffahrt schweifen wie nach einer Schlacht. In meinem Kopf hallten Tims Worte wider: *Sie haben lange genug ohne dich überlebt.*

Mein kleines, weiches Herz

Ich legte einen Instagram-Account für die Katzen an, weil es mir das Gefühl gab, ich würde mich um sie kümmern. Ich meinte, dass es etwas bedeutete, Tieren öffentlich Liebe entgegenzubringen, die so lange ignoriert und verschmäht worden waren.

Ich kratzte Geld für Katzenfutter im großen Gebinde zusammen, versuchte, es unter den hagersten Tieren aufzuteilen, ohne einen blassen Schimmer, wie ich je für Tierarztkosten aufkommen sollte, und fühlte mich überwältigt und machtlos. Aber eine Sache konnte ich tun: Ich konnte den Katzen Namen geben, mich mit ihren Persönlichkeiten vertraut machen und süße Fotos von ihnen machen. Sie posten. Anderen Menschen ermöglichen, sie ebenfalls zu lieben.

Ehrlich gesagt legte ich den Instagram-Account ursprünglich für meinen Vater an, der auf der anderen Seite des Landes lebte und mit dem ich fast ausschließlich über Bilder von unseren Haustieren kommunizierte. Er hatte verfolgt, wie ich meine Katzenkataloge angelegt hatte. Ich schickte ihm Fotos von Katzen, und er riet ihre Namen, versuchte sich alle dreißig einzuprägen. *Das ist BeeBee, stimmt's?*, kommentierte er ein Bild von Trader Joe. *Warte, die kenn ich*, antwortete er auf ein Foto von Goldie. *Das ist eindeutig Dr. Big Butt.*

Mein Dad hatte schon immer eine Schwäche für Katzen gehabt und seine eigene vor Kurzem verloren. Ständig redete er davon, einen neuen Weggefährten zu sich zu nehmen, und vermied die großen Themen, etwa wie Pandemie, Wahl und Weltlage unser Leben jederzeit zunichtemachen könnten. Endlich konnten wir eine Verbindung zueinander aufbauen: über Katzenfotos.

Goldie war die erste Katze, die mich auf eine gute Art zum Weinen brachte, und zwar über die neu gewonnene Erkenntnis, wie viel ich für ein Wesen empfinden konnte.

Wir nannten Goldie den kleinen König vom Poets Square. Wie ein Monarch stolzierte er durch den Vorgarten und auf jeden Gast zu, als müsste er ihnen ihre Anwesenheit erst gestatten. Das ganze Viertel kannte ihn, den schmächtigen roten Kater mit dem unwahrscheinlich langen Schwanz. Goldie war zutraulich und überhaupt nicht ängstlich. Er näherte sich Fremden, schnupperte an vorbeilaufenden Hunden und erklomm die höchsten Baumkronen. Er vertraute mir, bevor er einen Grund dazu hatte.

Mein Herz schlug sofort für Goldie, es hatte keine Wahl. Wenn ich vor dem Haus stand, kletterte er auf mir herum wie auf einem Baum, bestand darauf, es sich auf meinem Arm bequem zu machen, ob ich mich nun bückte und ihn hochhob oder nicht. Er war ein zotteliges Kätzchen mit tränenden Augen und glanzlosem Fell, schmutzigen Pfoten und einem Knick im Schwanz. Er war viel zu dünn. Wenn er mir um die Beine strich, sah ich seine eingefallenen Hüften, seine Rippen. Ständig kratzte er sich an den Ohren, schlug mit dem Kopf, und sein schiefes Mäulchen behinderte ihn beim Fressen. Er war ein armer kleiner Tropf, aber das störte ihn nicht im Geringsten. Wenn ich neben ihm saß und er schnurrte, stimmte mein ganzer Körper mit ein.

Bisher hatte ich mein Herz nicht für übermäßig zerbrechlich gehalten, aber es fühlte sich mit einem Mal weicher an, jetzt, da Goldie mich die Finger in seinem Fell vergraben ließ und nachmittags, wenn ich ihn durchs Fenster beim Schlafen beobachtete, die Spuren meiner Streicheleinheiten noch sichtbar waren. Wenn er auf der Seite lag, wirkte er beinahe platt, ganz in sich zusammengesunken, aber da in seinem staubigen roten Fell waren sie: die Abdrücke meiner Hände.

Alle, die ich kannte, bekamen jetzt ständig Katzenbilder zu sehen. Ich war besessen von den Tieren. Tim zeigte ich ein Foto von Goldie und dann noch eins und noch eins. *Da schläft er gerade*, sagte ich. *Und hier frisst er. Schau, wie süß! Und da schläft er wieder.*

Babe, sagte Tim dann sanft, während ich schon zum nächsten Bild von derselben dürren roten Katze wischte. *Ich weiß, wie Goldie aussieht. Ich kann ihn sehen, in diesem Moment.* Und dann deutete er auf die Auffahrt vor dem Fenster, wo Goldie gerade saß, dürr und rot, und uns anstarrte.

Ich spürte, wie ich dünnhäutiger wurde, empfindlicher und obsessiver. Jeden Tag beeilte ich mich, nach Hause zu kommen, um die Katzen vor unserem Fenster zu beobachten. Mein übriges Leben hatte sich nicht groß verändert, ich stand morgens auf und fuhr zur Arbeit, erledigte meine Besorgungen, ging zum Sport, dachte aber die ganze Zeit: *Kein Mensch ahnt, dass ich jetzt dreißig Katzen habe.*

Goldie vertrat als Maskottchen die ganze Gruppe: all die schreckhaften Katzen, die lieber auf Abstand blieben, das verwilderte Paar auf dem Dach, die besonders ängstlichen Tiere, die sich erst nach Anbruch der Dunkelheit zum Fressen hinauswagten, wenn ich ins Haus gegangen war. Die Unentschiedenen, die mich argwöhnisch aus der Ferne beobachteten, nur näher kamen, wenn ich stundenlang ganz still saß und Leckerli auf den ausgestreckten Handflächen balancierte. Goldie war ihr Botschafter, der sich die Nase am Küchenfenster platt drückte, bis ich für alle Futter nach draußen brachte. *Vergiss uns nicht*, schien er zu sagen, und seine Augen weiteten sich, wenn er mich kommen sah.

Als ich den Instagram-Account für die Katzen anlegte, war es Goldie, sein kleines dreieckiges Gesicht, den ich als Profilbild auswählte.

Es war fast wie Reality-TV. Katzen, die sich gerade noch bekriegt hatten, waren plötzlich ein Herz und eine Seele. Eines Tages fand ich heraus, dass eine Katze die Mutter einer anderen war. Die Gruppe hatte einen unangefochtenen Patriarchen – Sad Boy –, der eine Auserwählte hatte, und manchmal versuchten andere Weibchen, sie auszubooten und sich an Sad Boy heranzumachen.

Kein Mensch schaut Reality-TV nur der Handlung wegen. Man schaut es, um danach zu lästern, schreibt Leuten, die auch gucken, und tauscht sich über den großen Twist am Ende der aktuellen Episode aus. Ich fragte Tim, ob er gesehen habe, dass Stephanie, die schwarze Katze, jetzt mit dem großen orangen Dr. Big Butt abhing. *Monkey spielt!*, schrieb ich ihm. *Mit Rihanna! Lola ist in der Auffahrt. Sie faucht alle an, aber François ist unbeeindruckt. MK schaut vom Dach aus zu. Da ist eine neue Siam-*

katze?? Christian Dior habe ich schon länger nicht mehr gesehen, aber wahrscheinlich ist er nur nebenan.

Tim gab sich wirklich Mühe, Anteil zu nehmen. Er mochte die Katzen, blieb immer in der Auffahrt stehen, um denen, die gerade da waren, über die Köpfchen zu streicheln, aber so gefesselt von ihren Eskapaden wie ich war er nicht. Er verfolgte das Geschehen nicht im Detail. Es war, als würde ich eine Show gucken, die sonst kein Schwein kannte, und ich sehnte mich nach Gleichgesinnten. Ich wollte ein Foto auf Instagram posten und die erhoffte Reaktion ernten: *Sind das etwa BeeBee und Mr. Business? Im selben Bett??*

Goldie wog fast nichts. Ich konnte ihn mit einer Hand hochheben, ihn unter den Arm klemmen wie einen Football. Manchmal schien er nicht einmal Knochen zu haben, konnte sich auf meinem Schoß verbiegen wie eine Brezel, ein Knäuel aus dürren orangefarbenen Gliedmaßen. Manchmal lag er schlafend in einem der Betten in der Einfahrt, so in sich zusammengerollt, dass ich nicht sagen konnte, auf welcher Seite sein Kopf auftauchen würde, wenn ich ihn anstupste. *Goldie*, flüsterte ich, wohl wissend, dass ihn das nicht wecken würde. Manchmal machte ich mir Sorgen, dass er vielleicht taub war. Manchmal machte ich mir Sorgen, dass sich mein Herz in eine kleine rote Katze verwandelt hatte und jetzt durch die Straßen stromerte und ums Überleben kämpfte.

Goldie schien das theoretische Konzept von Fressen zu mögen, nicht aber die praktische Umsetzung. Er kam angerannt, wenn er Trockenfutter in einer Schale klappern hörte oder Thunfisch-Leckerli roch. Sein Maul war irgendwie schief, die Zähne griffen nicht richtig ineinander, und ich fragte mich, ob er vielleicht Schmerzen beim Kauen hatte. Ich kaufte ihm Nassfutter, weiche Leckerli, verschiedenste Katzen-Suppen und Breie. Ich hatte die Rückzahlung meines Studienkredits eingestellt und investierte in Katzenfutter.

Es gab einen Katzensnack namens Lil' Gravies, der in kleinen bunten Beuteln verkauft wurde, und eine Weile waren diese Beutel im ganzen Haus verteilt, in all den verschiedenen Sorten, mit denen ich Goldie zu verführen hoffte. Ich kaufte eine Tube hochkalorisches Gel für Katzen, von dessen Existenz ich bisher nichts geahnt hatte, und überredete ihn, einen Klecks von meinem Finger zu lecken.

Er fraß nur, wenn ich ihn aus der Hand fütterte. Stellte ich Futter hin und ging wieder rein, schlabberten die anderen Katzen geräuschvoll, aber Goldie verlor augenblicklich das Interesse und zog von dannen. Wenn eine andere Katze versuchte, aus seinem Napf zu fressen, ließ er sie. Viele der anderen rauften, fauchten, balgten jaulend im Hof, nur Goldie schien über all das erhaben. Die anderen liebten oder ignorierten ihn.

Ich verbrachte viel Zeit in der Küche und fühlte mich wie eine verrückte Wissenschaftlerin, verrührte Nassfutter mit Wasser zu einer Suppe, mischte Katzenbreie mit Katzengels und allen Sorten von Lil' Gravies. Ich gab alles, um Goldie zum Essen zu bewegen. Er saß gerne wie eine Sphinx unter dem Lieferwagen in der Auffahrt, und ich robbte auf ihn zu wie eine Soldatin, zog mich auf dem Bauch liegend mit den Ellbogen unter die Karosserie. Wie oft die Nachbarn wohl nur meine Beine unter diesem Lieferwagen haben herausragen sehen? Und das alles, weil dieser kleine rote Kater, den ich eigentlich nie so lieben wollte, seinen sorgfältig komponierten Napf voll Kalorien nur ausleckte, wenn ich direkt neben ihm lag und mein Gesicht nur Zentimeter von seinem entfernt war. Er leckte ein paarmal halbherzig, dann berührte er, statt weiterzuessen, meine Nase mit seiner, und so verharrten wir schließlich. Meine Stirn an seine gelehnt, redete ich flüsternd auf ihn ein, während wir da unter dem Lieferwagen in der ölverschmierten Auffahrt lagen.

All das teilte ich auf Instagram, ohne mich je nach dem Grund dafür zu fragen. Ich hatte mich noch nie so sehr um ein anderes Lebewesen gekümmert, mich noch nie so sehr bemüht, jemanden am Leben zu halten. Im Nachhinein beschlich mich der Verdacht, dass ich vielleicht nur hatte angeben wollen. Hatten nicht schon haufenweise Leute eine streunende Katze in ihrer Auffahrt gefüttert, ohne sich online dafür Lob abzuholen? Brauchte ich wirklich die Bestätigung fremder Menschen im Internet, dass es mich zu einem guten Menschen machte, täglich unter einen Lieferwagen zu robben?

Es würde Jahre dauern, bis ich wirklich über meine Beweggründe nachdachte: *Ich habe einen Instagram-Account für die Katzen eingerichtet, weil ich wollte, dass die Leute mich für einen guten Menschen halten.*

Goldie trieb sich immer noch nachts auf der Straße herum und wich im Dunkeln Autos aus. Unseren überdachten Carport hatte ich inzwischen mit Katzenbäumen und Kratzbrettern, Betten und Höhlen zum Verstecken ausgestattet, alles Spenden von Fremden, die den Katzen auf Instagram folgten. Goldie hatte also genügend sichere Schlafplätze, genügend Spielzeug, um sich zu beschäftigen, aber er war ein Energiebündel und hatte es faustdick hinter den Ohren. Er flitzte über die Straße ins Gebüsch, wo sich die Eidechsen versteckten, jagte Schlangen durch die Auffahrt, saß plötzlich auf dem Dach fest.

Ich freute mich, dass er in meiner Gegenwart so mutig war. Manchmal ärgerte ich mich über die anderen Katzen, weil sie vor mir wegliefen. *Ihr kennt mich doch*, erinnerte ich sie, wenn sie auseinanderstoben. *Ich bin die, die euch jeden Abend das Futter bringt.* Ich warf François ein Leckerli zu, und er fuhr zusammen, legte die Ohren an. Dann schnupperte er daran, als vermutete er eine Falle, und behielt mich misstrauisch im Auge. Wenn die Katzen sich beim Fressen um mich scharten, musste ich reglos dasitzen. Die kleinste Bewegung reichte, damit alle erschrocken davonrannten. Einmal hockte ich leise im Carport, alle Katzen um mich versammelt, und musste niesen. Die Katzen ergriffen die Flucht, als wäre eine Bombe hochgegangen. In dieser Nacht ließen sie sich nicht mehr blicken, und am nächsten Morgen beäugten sie mich argwöhnisch.

Goldies Vertrauen musste ich mir nicht erarbeiten. Er liebte mich sofort und ganz selbstverständlich; so wie er jeden geliebt hätte, der in das Haus zog. Ich verstand es als Zeichen, wollte, dass es etwas bedeutete, wenn Goldie so lange maunzte, bis ich ihn auf meinem Schoß Platz nehmen ließ. Ich begriff nicht recht, zu wem mich Goldie da machte, wie die Katzen meinen Lebensrhythmus veränderten. Wie wichtig es für mich geworden war, innezuhalten und mit einem kleinen roten Kater im Garten zu sitzen. Wie verletzlich ich mich in seiner Gegenwart fühlte.

Aber Goldie liebte alles und jeden. Machte keinen Unterschied in seiner Liebe. Seine Neugier war grenzenlos. Er stupste mit der Pfote Wespennester an, erkundete das ganze Viertel, lief fahrenden Autos entgegen, als kämen sie nur seinetwegen vorbei. Mein Herz ausgerechnet an ihn zu hängen war gefährlich, und jeden Abend blieb ich länger wach, um nach ihm zu sehen. Wenn ich ins Bett ging, pochte mein Herz vor Sorge, richteten sich all meine Ängste auf eine Katze, die sich nur allzu gern in Lebensgefahr brachte. Am Morgen musste ich immer zuerst zum Fenster eilen, um mich zu vergewissern, dass er da war, schlafend in der Auffahrt. Manchmal hatte er kleine Blessuren oder Blätter im

Fell, allerlei Beweise für seinen nächtlichen Unfug. Mein Herz war so zerbrechlich. Nie zuvor hatte ich mich so fragil gefühlt.

Es war unmöglich, sich beim Anblick dieser Katzen nicht zu freuen. Ein Freund schickte mir Spielzeug, das seine Katzen nicht gewollt hatten, und ich verstreute es in der Auffahrt: bunte Bälle und Mäuse, Springfedern aus Plastik, kleine Troddeln und Glöckchen. Die Katzen versammelten sich um die Spielsachen und bestaunten sie. Noch nie hatte ich so etwas empfunden – was auch immer das für ein Gefühl war, das mich überkam, als ich diese zusammengewürfelte Bande streunender Sonderlinge dabei beobachtete, wie sie zum ersten Mal in ihrem Leben Spielzeug ausprobierten.

Reverse Monkey streckte ganz zaghaft die Pfote nach einem orangefarbenen Plüschball aus. François sah fasziniert zu. Goldie, dem jede Zaghaftigkeit fremd war, kam angetrabt und ging direkt in die Vollen, rannte ausgelassen zwischen den Spielsachen hin und her, bepfötelte sie und warf sich darauf, und dann brach das Getümmel los, so viele Katzen wollten mitspielen. Zum ersten Mal richtig spielen, mit richtigem Spielzeug.

Und dann war Goldies Katzenbett eines Morgens leer. Er war nicht in der Auffahrt. Tot auf der Straße lag er nicht, ich hatte nachgesehen, aber er saß auch nicht auf dem Dach oder in einem Baum, wartete nicht unter dem Lieferwagen auf seine zwei Happen Frühstück und unser tägliches Stirn-an-Stirn-Ritual.

Drei Tage vergingen ohne jede Spur von ihm. Ich schluchzte, spürte, wie mir die Traurigkeit in die Knie und über die Schlüsselbeine in die Wirbelsäule kroch. Ich war erschüttert. Tim war ganz ruhig. Die restlichen Katzen verhielten sich wie immer, warteten auf ihr Futter, belagerten als die gewohnte Menge aus Schwarz, Grau und Weiß unsere Auffahrt. Ich schaute im Minutentakt aus dem Fenster, hielt Ausschau nach etwas Orangem.

Es war schon dunkel, als Goldie zurückkam. Tim entdeckte ihn zuerst. *Babe!*, rief er von draußen. Noch nie hatte sich seine Stimme so eindringlich angehört. *Er ist da. Er ist verletzt.*

Goldie hatte große Wunden an Hals und Schulter. Er blutete. Sein Kiefer war noch schiefer als sonst. Ich stellte ihm einen Napf hin, und sein Maul bewegte sich falsch. Er verschluckte sich fast an seiner eigenen Zunge. Der Kiefer war gebrochen. Er wirkte plötzlich ängstlich, zuckte zusammen, als ich ihm ein sauberes Tuch an den blutigen Hals drückte. Ich brachte mein Gesicht ganz nah an seins, aber er reagierte nicht. *Goldie*, flüsterte ich und bekam nur ein Wimmern zur Antwort.

Das postete ich nicht auf Instagram. Nichts davon.

Goldie erholte sich. Es brauchte viel Zeit. Es brauchte Tierarzttermine und Salben und jede Menge hochkalorisches Katzengel. Er bekam ein Bad und Ohrentropfen, weiches Futter, eine sorgfältige Wundversorgung und Antibiotika. Die Krallen wurden ihm gestutzt. Er würde sich nicht mehr mit ihnen verteidigen müssen.

Ich verwandte meine ganze Zeit darauf, Katzenrettungsstationen zu googeln, machte alle Auffangstellen und günstigen Tierkliniken der Stadt ausfindig. Als ich Goldie das erste Mal in eine Praxis brachte, roch es dort nach Tieren und Desinfektionsmittel, das Wartezimmer war zu steril, und Goldie miaute gestresst in seiner Transportbox. Ich hatte das Gefühl, alles falsch zu machen. Ich entschuldigte mich bei Goldie und war geknickt. Die Box hatte jemand von Instagram gespendet. Jemand, den ich überhaupt nicht kannte.

Eine Vermittlungsstelle in der Gegend nahm Goldie auf. Ich heulte die ganze Fahrt über und ließ ihn verängstigt in einem großen Käfig zurück. Nie zuvor hatte ich ihn ängstlich erlebt, meinen orangefarbenen Jungen, mein immer furchtloses Herz. In der Nacht bevor ich Goldie aus dem Poets Square wegbrachte, trug ich ein verwaschenes rotes T-Shirt, das mir fast bis zu den Knien reichte. Eigentlich hatte ich es mit ihm zusammen abliefern, etwas mit meinem Geruch bei ihm lassen wollen. Aber dann plagten mich die ganze Nacht nervöse Angstträume, und als ich aufwachte, war das Shirt schweißgetränkt und roch scharf und säuerlich. Ich zog stattdessen meinen Kissenbezug ab und schnupperte daran, um sicherzugehen, dass er nach mir roch.

Der Frau, die sich um Goldie kümmern würde, war ich nie zuvor begegnet. Wie seltsam, eine Katze abzugeben, die sich inzwischen wie meine eigene anfühlte. Danach schlief ich wochenlang ohne Kissenbezug. Wochenlang hatte ich mein blödes vergilbendes Kissen vor Augen, voller Sabberflecken, und ich schaute aus dem Fenster, und weit und breit kein Goldie.

Er lebt, erinnerte mich Tim. *Er ist in Sicherheit. Wir müssen ihn nicht mehr jede Nacht von der Straße wegjagen.*

Ich wusste nicht mehr, was ich fühlte, Trauer oder Wut. War es Kummer? Ich hatte nicht darum gebeten, in diese Lage zu kommen. Hatte nicht darum gebeten, dass mir dreißig Katzen in den Schoß fielen und ich mein kleines, weiches Herz auf diese Geschöpfe verteilen musste, die ich nicht retten konnte. Goldie war in Sicherheit. Blieben noch neunundzwanzig andere. Sie schienen seine Abwesenheit nicht zu bemerken.

Ich richtete einen Instagram-Account für die Katzen ein, weil ich Hilfe brauchte. Noch wusste ich das nicht.

Leute auf Instagram hatten angefangen, mir Geld für Goldies Tierarztrechnungen zu schicken. Ich hatte sie nicht darum gebeten. Mir war nie in den Sinn gekommen, dass mir jemand helfen würde, dass ich nicht dreißig Katzen allein retten musste. Das Geld für die Tiere kam von meinem Vater, meiner Tante und alten Bekannten vom College, aber auch von Fremden. *Du hast so ein lebendiges Bild von den Katzen in deinem Carport gezeichnet*, kommentierten die Leute, und ich dachte: *Wer seid ihr? Wie habt ihr mich gefunden?*

Goldie hatte plötzlich Fans, und die hatte er auch verdient. Er war inzwischen bei einer Frau in Pflege, die mir jeden Abend Fotos von ihm schickte. Ich erinnere mich noch an das eine, das mich zum Weinen brachte: Goldie saß ganz oben auf einem riesigen Kratzbaum vor einem Panoramafenster und schaute hinaus in die Wüste, beobachtete die Vögel und die Kaninchen und Eidechsen. Von drinnen, in Sicherheit. *Fressen kann er wirklich gar nicht leiden*, schrieb mir die Frau, und ich schickte ihr Bilder von allen Sachen, mit denen ich es versucht hatte. *Er mag Lil' Gravies*, schrieb ich, und am nächsten Tag schickte sie mir ein Foto von einem ganzen Stapel davon, lauter kleine bunte Soßenbeutel, und im Hintergrund Goldie, der sein Futter schleckte. Meine Liebe für Goldie, das wurde mir jetzt klar, war so außerordentlich gewesen, dass ich es für ausgeschlossen gehalten hatte, jemand anders könnte ihn ebenso gebührend lieben.

Ich richtete einen Instagram-Account für die Katzen ein, weil ich zu viel Liebe für sie empfand. Eine beängstigende Menge merkwürdig obsessiver Liebe für diese Wesen in meinem Carport, die jeden Moment einfach sterben konnten. Ich hatte eine vage Ahnung, wie groß mein Kummer werden würde. Ich lud andere ein, ihn mit mir zu teilen. *Bitte*, sagte ich. *Ich kann das nicht alles allein fühlen.*

Die Frau, die Goldie aufgenommen hatte, folgte mir auf Instagram. *Oh Gott*, schrieb sie. *Du hast noch mal dreißig von denen?*

Sie schickte mir Bilder von Goldie, wie er Leckerli fraß, ihre anderen Katzen kennenlernte, auf ihrem Sofa fläzte. Goldie, eingerollt auf meinem alten Kissenbezug. Ich schlief immer noch ohne. Tim erinnerte mich ständig daran, einen neuen zu kaufen, aber es nicht zu tun, fühlte sich für mich auf verquere Weise an wie meine wohlverdiente Strafe. Ich war schuld, dass Goldie verletzt worden war. Ich hatte ihn da draußen gelassen, und er hatte sich wehgetan. Also würde ich auf einem nackten Kissen schlafen.

Das ergibt doch keinen Sinn, sagte Tim.

Goldie nahm zu. Seine Wunden heilten. Er wurde die seltsame Ohreninfektion los. Seine Augen tränten nicht mehr, er hörte besser, hatte das Fressen für sich entdeckt. *Er frisst jetzt!*, erzählte seine Pflegemutter. *Ich kann kaum glauben, wie viel er frisst. Er ist eine ganz neue Katze!*

Jeden Abend verbrachte ich draußen im Carport, ohne Goldie. *Was mache ich nur mit dem Rest von euch?*, fragte ich die anderen Katzen. Sie umkreisten mich.

Ich postete immer mehr auf Instagram, manchmal drei- oder viermal am Tag. Ich postete Neuigkeiten von Goldie, und alle waren entzückt. Ich postete über die anderen Katzen: die Bande, die jeden Abend zum Füttern auftauchte, das verwilderte Paar, das vom Dach aus alles überblickte, die neuen Katzen, die ich nur ein-, zweimal von Weitem gesehen hatte. Menschen, die ich nicht kannte, stimmten für ihre Lieblinge ab. Leute fragten: *Welche ist die nächste?*

Es war eine überwältigende Aufgabe, sich um die Katzen zu kümmern, und ich verbrachte viel Zeit damit zu weinen, mich zu fühlen, als wäre mein Herz zu klein und zu zart, und mir zu wünschen, ich könnte mich von alldem lossagen und hätte diese Katzen nie gefunden. Ich hatte gerade erst angefangen, ihnen zu helfen, da wollte ich schon wieder hinschmeißen. Aber zu spät: Fremde auf Instagram waren ihnen inzwischen verfallen. Fremde warteten darauf, wie es weitergehen würde. Fremde machten mir Mut, schickten mir Geld und warteten gespannt ab, wie viele Katzen ich würde retten können.

Goldies Gesicht war immer noch mein Profilbild, das Icon, das ich jeden Tag beim Einloggen sah, als er von einer Familie mit einem neunzehnjährigen Sohn aufgenommen wurde. Die Familie fand mich auf Instagram. *Das ist mein neuer Papa*, schrieben sie und hängten ein Foto von ihrem Sohn an, der Goldie im Arm hielt wie ein stolzer Vater sein Baby. Irgendwie sahen sich die beiden ähnlich. Die gleiche Ernsthaftigkeit, die gleichen strahlenden Augen.

Goldie war riesig geworden. Sein Fell war dichter, glänzender und röter. Erst jetzt wurde mir klar, wie matt er in meiner Auffahrt ausgesehen hatte, wie kränklich. Das Bild zeigte ganz deutlich: Das war die Katze, die Goldie eigentlich war. Bei mir hätte er sie nicht werden können.

Ich bat um Erlaubnis, das Bild auf Instagram zu teilen. Dann bezog ich mein Kissen neu.

Danke, dass du diese Katze in mein Leben gebracht hast, schrieb mir Goldies neuer Papa. *Ich hab ihn so lieb. Ich kann mir gar nicht mehr vorstellen, ohne ihn zu sein.*

Ich konnte das auch nicht. Ich spürte immer noch eine Art Kummer, oder eine Art Schuld, irgendetwas, das mein Glücksgefühl trübte, wenn ich zwischen den Katzen saß. Es war eine intensive Empfindung, ich war gestresst und besorgt, überwältigt von all diesen Tieren, die beschlossen hatten, dass ich für sie verantwortlich war. Meine wenigen Follower hatten mich überredet, eine Online-Wunschliste anzulegen, mit dem ganzen Futter, das wir brauchten. Plötzlich lagen Pakete vor der Tür. Plötzlich fraßen die Tiere ordentlich, dreimal täglich, und ich beobachtete, wie sie sich langsam in richtige Katzen verwandelten, wie ihr Fell an Glanz gewann und ihre Gesichter an Fülle.

Ich wollte das alles teilen. Meinen Kummer und meine Überforderung, meine Nervosität, meine Freude und meine Obsession. Die exakte Frequenz von Goldies Schnurren an meiner Brust, wie es mich und meinen Atem hatte zur Ruhe kommen lassen. Nichts davon sollte nur für mich sein. Deshalb hatte ich einen Instagram-Account für die Katzen eingerichtet: weil ich das alles nicht allein machen wollte.

Hunger

Als mir die Katzen zufielen, arbeitete ich gerade bei einer Tafel. Mein Job dort waren Marketing und Fundraising, ich schrieb Webinhalte in einem fensterlosen Kabuff. Aber jetzt steckten wir mitten in der Pandemie. Plötzlich wurden ganze Abteilungen in Quarantäne geschickt, Menschen aus der Belegschaft kamen ins Krankenhaus, manche starben. Unsere ganzen Tätigkeiten, alle Essensausgaben, fanden im Freien und unter Einhaltung von Abstandsregeln statt, und alle packten mit an, um den Laden am Laufen zu halten. Ich verbrachte den halben Tag damit, Mahlzeiten zu portionieren, Essenspakete zu packen und zuzuteilen. Gab maskierten Leuten hinter Autofenstern Zeichen und belud schweigend ihren Kofferraum mit unverderblichen Lebensmitteln.

Die erhöhte Nachfrage bei den Tafeln machte landesweit Schlagzeilen. Unsere Zweigstelle war riesig, versorgte die ganze Südhälfte Arizonas, einige der ärmsten Countys des Landes. Zu dieser Zeit kamen jeden Tag Hunderte Familien.

Wir arbeiteten in einem Lagerhaus, oben in meinem kleinen Büro hörte ich die Gabelstapler. Ich kam gern früh, bevor die Tore für die Allgemeinheit öffneten und sich Schlangen bildeten, weil es mir unangenehm war, auf meinem Weg zum Schreibtisch an Reihen hungriger Menschen vorbeizulaufen. Ich fühlte mich schlecht dabei und wusste nicht, wie ich mich sonst hätte fühlen sollen.

Es war eine Zeit der Verzweiflung, nach den ersten Tagen der Pandemie, als alle noch handgenähte Masken spendeten und den Berufsgruppen mit direktem Menschenkontakt dankten, nach dem großen Zusammengehörigkeitsgefühl und der gegenseitigen Unterstützung. Monate später, als der Lockdown sich immer länger hinzog und immer noch Menschen starben, wurden die Schlangen an der Essensausgabe so lang, dass die Autos den Verkehr ins Stocken brachten. Wir mussten Wachleute anheuern, die die Straßen absperrten und Pendler umleiteten, deren Arbeitsweg von Menschen blockiert wurde, die einfach nur versuchten, an Lebensmittel zu kommen. Es wurde viel gehupt, viel gestikuliert, viele Leute warfen hinter ihren Windschutzscheiben die Hände in die Luft, wie um zu fragen: *Was soll ich denn machen?*

Jeden Morgen fütterte ich die Katzen, und sie balgten sich um das Futter, eine große, sich windende Masse von Tieren, die alle gleichzeitig versuchten, die Nasen in die Näpfe zu stecken. Sie knurrten beim Fressen, holten mit den Tatzen aus und schlugen einander aus dem Weg. Ich gab mir Mühe, das Futter zu portionieren und mehrere Näpfe gleichzeitig abzustellen, aber es half alles nichts. Die Katzen drängelten verzweifelt durcheinander, und jeden Morgen machte es mich nervös, dafür sorgen zu müssen, dass alle genug abbekamen, ohne sich inmitten des Gefauches gegenseitig zu verletzen.

Die Pflanzen um unser Haus wurden braun und welk, versuchten, Wasser zu speichern. Jeden Tag, bevor ich mich zur Arbeit aufmachte, sprach ich ein Gebet für die sterbende Aloe in unserem Garten. Sie bekam nicht, was sie brauchte, aber sie gab ihr Bestes. Es war August, die Temperatur näherte sich der

40-Grad-Marke, und die Menschen in den Essensschlangen mussten den Motor laufen lassen, um nicht in ihren Autos zu überhitzen wie Hunde.

Als ich Bekanntschaft mit Monkey machte, beschrieb ich sie als durchtriebenen kleinen Gremlin. Sie hatte sich sofort als Tyrannin entpuppt, die ihr Futter als Erste herunterschlang und sich dann an die restlichen Katzen anpirschte, um ihnen ihren Anteil abzujagen.

Monkey, schimpfte ich ständig. *Lass den anderen auch was übrig.*

Monkey war ein dürres dreifarbiges Kätzchen, deren Kopf für ihren Körper zu klein wirkte. Sie war distanziert, biss mich, wenn ich versuchte sie anzufassen, lief aber nie vor mir davon. Sie wollte immer Futter. Sie hatte große Koboldaugen, die sie oft zusammenkniff und mit denen sie mich von unten anblinzelte. Es sah jedes Mal aus, als würde sie grinsen. Es war so unverfroren, wie sie auf eine andere Katze zuging und sie mit ausgefahrenen Krallen schlug, bis diese Reißaus nahm. Wie sie das ganze Futter vertilgte, leise knurrend, um die Konkurrenz auf Abstand zu halten – und dann einfach so grinsend dasaß.

Ich hockte mit meiner Plastikdose voll Leckerli in der Auffahrt und verteilte sie an die einzelnen Katzen: eins für François, eins für Rihanna, eins für Sad Mouth Sam. Die Katzen saßen in einem großen Halbkreis um mich herum wie am Lagerfeuer, da preschte Monkey durch die ganze Gruppe, rempelte die anderen Katzen aus dem Weg wie Bowlingpins. Wenn ich ihr ein Leckerli anbot, fauchte sie und kratzte mich, um schneller daran zu kommen. Dann würgte sie es in einem Stück hinunter.

Du musst damit aufhören, ermahnte ich sie ständig. Ich mischte eine Spezialmahlzeit für Goldie zusammen, hochkalorisch mit Thunfischgeschmack, damit er etwas auf die Rippen bekam, nur um im nächsten Moment zu sehen, wie stattdessen Monkey den Napf sauber leckte. *Das war nicht für dich*, sagte ich, und sie ließ ihr leises Knurren hören, ein lang gezogenes Grollen, das sie ständig in der Kehle bereithielt. Die Schale war leer. Sie schleckte energisch weiter, mit weit vorstehenden Koboldaugen und einer Tatze in der Luft, bereit, mir eine zu verpassen.

Tausende Bedürftige jeden Monat mit Lebensmitteln zu versorgen und ihnen gleichzeitig in ihrer individuellen Menschlichkeit gerecht zu werden, ist unmöglich. Das lässt die Logistik nicht zu. Ihr haltet das vielleicht für falsch – es sollte hier nicht um die Logistik gehen, sondern um die Menschen –, und da habt ihr recht. Ihr habt genauso recht wie ich, als ich bei der Tafel angefangen habe: auf eine Weise, die sich nicht sinnvoll auf die Realität übertragen lässt. Auf eine naive Weise. Als ich die Stelle antrat, war ich so optimistisch, so blauäugig der Welt gegenüber, als besäße ich allein das nötige Mitgefühl, um das Problem der Ernährungsunsicherheit zu lösen.

Die Verteilung von Lebensmitteln lief größtenteils über staatliche Programme, war also bestimmten Vorschriften unterworfen. Um sich Essen abzuholen, mussten sich Familien zunächst registrieren. Sie mussten eine Erklärung zu ihrem Haushaltseinkommen abgeben, einen Lichtbildausweis vorzeigen, um nachzuweisen, dass sie wirklich in unserem Versorgungsgebiet wohnten. Diese Schritte lieferten Daten, die mir manchmal bei meiner Arbeit im Fundraising nützten. So konnte ich zum Beispiel in Bittbriefen an wohlhabende Stadtteile genaue demografische Daten der bedürftigen Familien liefern, ich wusste, wie viele Kinder sie hatten und wie groß die Kluft zwischen ihrem Einkommen und den aktuellen Lebensmittelkosten war. Manchmal schien es, als dienten die Maßnahmen nur dazu, die ganze Angelegenheit noch beschämender für diese Menschen zu gestalten, sie noch mehr zu verzögern. Ältere Ehepaare, junge Mütter mit Kleinkindern, unbegleitete Jugendliche, alle standen sie Schlange, füllten Formulare aus und zeigten die gelben Kärtchen vor, die sie als Bedürftige auswiesen. *Hat sich Ihr Einkommen seit letztem Monat geändert?*, mussten wir fragen. *Ist die Anzahl im Haushalt lebender Personen dieselbe geblieben?*

Die meiste Zeit verteilte ich kein Essen. Ich war vor allem als Mitglied des Marketing-Teams tätig: Mein Job war es, alles zu beobachten und in eine inspirierende Geschichte für Social Media zu verwandeln. In der Dichotomie zwischen Menschen, die Essen brauchten, und Menschen, die es verteilten, gehörte ich zu keiner der beiden Gruppen: Ich war die Person, die mit einer Kamera am Rande des Geschehens herumschlich und Fotos von maskierten Ehrenamtlichen schoss, die Auto um Auto mit Dosenerbsen und Cheerios beluden.

Aber eigentlich war es gar keine richtige Dichotomie. Einige Tafelangestellte hatten selbst Anspruch auf Nahrungsmittelhilfe. Sie holten ihr Essen nie bei diesen öffentlichen Ausgaben ab. Es war nicht ohne Weiteres ersichtlich, wer aus meinem Team bei der Tafel zu wenig verdiente, um sich Lebensmittel leisten zu können. Eigentlich hatte auch ich ein Anrecht auf Unterstützung, aber das wurde mir erst Jahre später klar. Mein Einkommen reichte nicht, um meine Rechnungen zu bezahlen, besonders in all den Jahren, bevor ich mit Tim zusammengezogen war und meine Miete noch allein bestritten hatte. Aber es fiel mir schwer, das zu erkennen. Ich konnte meine Vierzigstundenwoche, meinen Masterabschluss und meine jahrelange Überzeugung, alles richtig zu machen, nicht mit der Tatsache in Einklang bringen, dass ich finanziell zu kämpfen hatte. Stattdessen waren mir einfach alle fremd: die Menschen, die stundenlang Schlange standen, und die Menschen, die ihre Morgen freiwillig damit verbrachten, in der Hitze palettenweise braunen Reis und getrocknete Bohnen von A nach B zu befördern.

Ich kaufte damals das billigste Katzenfutter, die Sorte, von der dir Leute im Internet erzählen, dass du deine Katze damit umbringst. Egal. Mein Budget erlaubte keine Extrawürste, also gab ich alles für No-Name-Dosen-Paté mit Lebergeschmack aus und füllte es in die billigsten Plastikbehälter, die ich bei Walmart finden konnte. Es war nie genug für die Katzen, die die Näpfe in Sekundenschnelle leer putzten. Es war nie genug für Monkey, die dafür sorgte, dass die anderen gar nicht erst zum Fressen kamen.

Ich ärgerte mich ständig über Monkey. *Kannst du dich mal abregen?*, fragte ich sie, und mein Ton wurde zusehends angestrengter und fieser. Ich war kaputt von der Arbeit, von den langen Abenden mit den Katzen, von all dem Hunger um mich herum. Ich schubste Monkey aus dem Weg, wenn die anderen Katzen fraßen, verjagte sie von den Näpfen, wenn sie zurückkam und mehr forderte. Ich gab mir keine Mühe, geduldig zu bleiben. Ich füllte ihren Napf wieder auf, und sie kratzte mich, hinterließ feine blutige Spuren auf meinen Fingern.

Kannst du mal dankbar sein für das, was du kriegst?, fragte ich, auch wenn ich natürlich wusste, dass sie es nicht verstand. Sie starrte mich unverwandt aus riesigen Augen an. War ganz und gar Tier. Ganz und gar Hunger.

Es ist eine einfache Erwartungshaltung: Wenn einem geholfen wird, hat man dankbar zu sein. Wenn jemand hungrig ist und du ihm zu essen gibst, soll er sich darüber freuen. Manchmal war das auch so. Manchmal beobachtete ich, wie jemand von den Ehrenamtlichen einem Kind auf dem Rücksitz eine zusätzliche Packung Müsliriegel reichte und die Mutter sich die

Hand aufs Herz legte und die Lippen hinter der Fensterscheibe zu einem *Danke* formte. Manchmal war eine Familie ganz selig über die Menge an Essen, die sie bekam, und man sah die Dankbarkeit in ihren Gesichtern, die Erleichterung über genügend Mahlzeiten für einen weiteren Monat. Manchmal schrieben die Leute uns eine Nachricht, schrieben uns, wie sehr sie zu kämpfen hatten, und steckten sie einem der Freiwilligen durch das Autofenster zu. *Gott segne euch. Für all die Hilfe.*

Das waren die Geschichten, die ich dann auf Social Media teilte oder über den Newsletter, den wir an unsere großzügigsten Spender schickten, oder in den Sachberichten, die wir am Jahresende bei der Regierung einreichten, damit sie die Notverpflegung weiter förderten.

Aber die Realität war komplizierter.

Ich kann nichts davon essen, sagte eine Frau, als Ehrenamtliche ihr Müsli und Weißbrot ins Auto luden. Sie war Diabetikerin. Andere erklärten uns, sie hätten keine Zähne und könnten nur weiches Essen kauen, seien allergisch gegen Erdnussbutter, vertrügen kein Gluten. Für solche Fälle gab es keinen Plan. Jedes Mal, wenn jemand Essen ablehnte, erstarrten die Ehrenamtlichen mit den abgepackten Brotlaiben im Arm und blickten sich Hilfe suchend um. Eine junge Mutter kämpfte mit den Tränen, als sie sah, dass die Marke der Haferflocken, die wir verteilten, eine andere war als noch im Vormonat. *Die isst mein Kind nicht*, sagte sie. *Ich weiß, ihr habt nichts anderes. Aber er isst sie nicht.*

Manche Leute hielten den Blick starr nach vorne gerichtet. Anfangs hielt ich es für Scham, dieses Meiden von Blickkontakt, aber je weiter die Pandemie voranschritt und je mehr die Schlangen vor der Essensausgabe anwuchsen, wurde mir klar, dass es eher ein Ausdruck von Ablehnung war. Die Menschen waren unfreundlich. Zu uns, zueinander. Sie verhielten sich schroff gegenüber den Ehrenamtlichen, die den Verkehr regelten, den

Freiwilligen, die literweise Milch in ihre Wagen hievten und neue Paletten mit Eiern anschleppten. Sie waren unfreundlich zu den anderen Leuten in der Schlange, deren Autos stundenlang mit laufendem Motor vor ihnen standen, sie drückten auf die Hupe, damit es endlich ein paar Zentimeter voranging. Manchmal luden wir ein Auto voll mit Essen, und der Fahrer kurbelte das Fenster gerade so weit herunter, um uns seinen Mittelfinger zu präsentieren, bevor er davonraste. Manche Leute standen mehrere Stunden für die grundlegendsten Grundnahrungsmittel in der Schlange, für gerade so viel, um ein paar weitere Tage über die Runden zu kommen, und als sie endlich an der Reihe waren und uns dort stehen sahen, sagten sie: *Ganz ehrlich, scheiß doch auf diese Kacke. Ihr könnt mich alle mal.*

Bei der Arbeit bekamen wir manchmal gratis Mittagessen – einen Stapel Pizza oder eine Sandwichplatte vom Caterer –, und dann merkte ich, wie ich in Panik geriet, als könnte ich verhungern, wenn ich mir nicht genug auflud, als wäre Essen die knappste Ressource, und ich müsste es für den Winter horten wie ein Eichhörnchen. Ständig verglich ich meinen Teller mit denen der anderen, fragte mich, wie viel ich mir wohl ungestraft nehmen, wie viel ich essen könnte, bevor mich jemand zur Rede stellte. Ich aß zu Hause große Mengen, besonders wenn Tim schon schlief.

Verschämt sprach ich das Thema bei meiner Therapeutin an. *Ich weiß nicht, wie ich es erklären soll,* sagte ich. *Ich muss einfach alles haben.*

Unsere Sitzung fand über Zoom statt, ihr Gesicht auf dem Bildschirm fror immer wieder ein.

Sie betreiben Ressourcenschutz, sagte sie. *Wie ein Hund.*

Monkey tat dasselbe: das dumpfe Grollen, das sie beim Fressen ausstieß, die ausgefahrenen Krallen, wenn ihr jemand zu nah kam. Was aggressiv wirkte, war eigentlich eine Botschaft: *Bitte nimm mir das nicht weg. Ich brauche es. Bitte.*

Manchmal schaute ich aus dem Fenster und beobachtete, wie Monkey im Hof herumschnüffelte, an Steinen und Pflanzen, alles darauf prüfte, ob es essbar war.

In der Therapie sprach ich über mein Gefühl, dass etwas mit mir nicht stimmte, dass ich auf eine ganz fundamentale, irreversible Art unzulänglich war. Manchmal hatte ich den Eindruck, ich sei im Gegensatz zu allen anderen nicht in der Lage, ein guter Mensch zu sein. Mir war unbegreiflich, wie eine Kollegin mir beim Mittagessen den letzten Keks anbieten konnte, ohne das Gefühl zu haben, ihn eigentlich selbst behalten zu müssen. Manchmal sammelte ich Klebezettel, Wasserflaschen und Schalen aus dem Pausenraum ein, liegen gebliebene Snacks, und versteckte sie in meiner Schreibtischschublade. Wenn ich danach gefragt wurde, log ich. So war ich eben, redete ich mir ein. Ich war eben ein bisschen egoistisch und nahm es mit der Wahrheit nicht so genau.

Auf Instagram las ich immer wieder denselben Kommentar, die eine Frage, die alle hatten: Was brauchten wir am dringendsten für die Katzen?

Futter, antwortete ich, wieder und wieder, und schaute zu Monkey draußen vor dem Fenster. So viel Katzenfutter. Wie sie mich durchs Fenster anstierte, sich langsam auf die Tür zubewegte. Ihr Hunger war so gewaltig, dass er von ihr abstrahlte.

Das Katzenfutter tauchte kistenweise vor unserer Haustür auf. So große Trockenfuttersäcke, wie ich sie noch nie gesehen hatte. Zwanzig-Kilo-Beutel, Pakete mit sechzig Dosen. Rindfleisch in Bratensoße, Lachspastete, Chicken Florentine. Futter in Geschmacksrichtungen, von deren Existenz ich nichts geahnt hatte. Große Mengen von etwas lösten in mir die Angst aus, es wieder zu verlieren. Ich zählte alle Dosen, wog das ganze Trockenfutter, rechnete alles durch. Monkey ließ mich nicht aus den Augen. Wir hatten genug für ein Festessen.

Nach einem halben Jahr regelmäßiger Mahlzeiten, zweimal täglich so viel sie wollte, hörte Monkey schließlich auf, die anderen von ihren Näpfen zu vertreiben. Wenn ich zu spät dran war, und sei es nur ein paar Minuten, fiel sie sofort in alte Muster zurück: Sie fauchte und schlug nach meinen Händen, um schneller ans Futter zu kommen.

Ihr Körper veränderte sich zuerst. Der schwarze Anteil ihres Fells war stumpf gewesen, der weiße schmuddelig, die roten Flecken im Gesicht immer verklebt, weil sie das ganze Gesicht in die Futterschüssel tauchte. Als wir sie gefunden hatten, war sie mager gewesen, nur eine Hülle. Es passierte so schleichend, dass ich es erst kaum wahrnahm und dann meinte, es sei über Nacht geschehen. Eines Morgens kam ich mit dem Frühstück, und sie glänzte, war füllig, ihre Augen klarer. *Monkey*, sagte ich. Eine Welle der Zuneigung durchflutete mich, die Erkenntnis, wie dringend sie mich gebraucht hatte. *Gut siehst du aus.*

Ihr Kopf brauchte mehr Zeit als der Körper. Ich wünschte mir oft, sie könnte mein Versprechen verstehen, dass ich sie nie wieder hungern lassen würde. *Ich fütter dich jetzt immer*, sagte ich jeden Abend. Ich war überzeugt, dass das stimmte. Überall im Haus hatte ich Katzenfutter versteckt. Von jeder gelieferten Futterspende bunkerte ich etwas, hortete zwölf Dosen in jeder Schublade und jedem Schrank. Es würde uns nie ausgehen. Dafür würde ich sorgen.

Bei der Arbeit erlebte ich solche individuellen Erfolgsgeschichten nie. Ich weiß nicht, ob sich überhaupt je etwas veränderte. Manchmal hatte ich das Gefühl, als reichte die Menge an verteiltem Essen nur, um die Menschen hungrig zu halten, als wäre es gerade genug, um Familien jeden Monat wiederkommen zu lassen. Es war nicht das Ziel, Bedürftige lebenslang an uns zu binden: Unsere Geschäftsführung betonte immer, dass wir darauf hinarbeiteten, uns selbst überflüssig zu machen. Aber die Schlangen wurden nie kürzer.

Mein Job bestand vor allem darin, Geld zu beschaffen und Menschen, die während der Pandemie noch Jobs hatten, davon zu überzeugen, ihre überzähligen Gläser Erdnussbutter und Nudelsoßen zu spenden. Ich wünschte mir oft, ich könnte die ganze Wahrheit sagen: dass es manchmal nicht reichte. Dass ein Mann, der endlich vorne an der Essensausgabe ankam, jedes Recht hatte, wütend zu sein, wenn es dort bis auf eine einzelne Tüte Salat nichts mehr gab. Es mochte unfair von ihm sein, dass er ausgerechnet auf uns wütend war, auf die Ehrenamtlichen, das staatliche Förderprogramm, die Spender und Spenderinnen, die Person, die eine Tüte Salat gestiftet hatte. Aber er war aus gutem Grund wütend: wütend auf die Umstände, die ihn in einer Welt gefangen hielten, in der er drei Stunden in einer Autoschlange ausharren musste und eine Pandemie ihn noch ärmer machte, als er ohnehin schon war. Natürlich war er wütend.

Die Leute klauten mehr. Jemand brach bei der Arbeit in mein Auto ein und nahm meine Jacke mit. Wer konnte es der Person verübeln? Im Eckladen in der Nähe sah ich Leute Wasserflaschen, Hundefutter und Dosenbohnen stehlen. Manchmal kam die Polizei. Manchmal standen ältere Frauen zwischen den Süßwarenregalen zusammen und schüttelten die Köpfe darüber, wie weit es mit der Welt gekommen war. *Wann sind die Leute nur so unverschämt geworden?*, fragten sie. *Warum muss man denn stehlen?*

Irgendwann erfuhr ich, dass meine Therapeutin früher einmal als Hundepflegerin gearbeitet hatte. Daher also all ihr Gerede über Ressourcenschutz und ihr ganzes Wissen über tierische Verhaltensmuster. Eine Weile hatte es mich gekränkt, wie häufig sie mich mit einem Hund verglich. *Jedes Verhalten dient einem Zweck,* sagte sie gerne. Sie meinte damit, dass ein Tier nie aus Spaß agiert, sich nie grundlos böse verhält. *Tiere kennen kein Gut und Böse.*

Sie wollte damit sagen, dass jede vermeintliche Aggression oder Gemeinheit eigentlich nur Botschaften sind, um Angst oder Nervosität zu kommunizieren, Hunger oder Schmerz. Ich erzählte von Monkey, wie sie sich in der Gegenwart anderer Katzen langsam entspannte, und meine Therapeutin bedachte mich durch den Bildschirm mit dem Blick, den sie aufsetzte, wenn ich selbst auf etwas kommen sollte.

Denken Sie …?, versuchte sie, mir auf die Sprünge zu helfen. Aber ich schaute nur stumm zurück, dachte an Monkey und Hunger und Katzenfutterpreise. *Denken Sie, wenn Sie ganz sicher sein könnten, immer zu essen zu haben und ein Dach über dem Kopf, und sich über diese lebensnotwendigen Aspekte keine Sorgen mehr machen müssten …?*

Ich beendete den Gedanken: … *dann wäre ich anders.*

Monkey entpuppte sich als kleiner Clown. Nach Monaten regelmäßiger Mahlzeiten fing sie an, auf Bäume zu klettern und mir von den obersten Ästen zuzugrinsen. Sie postierte sich auffordernd vor meiner Tür, wartete auf das Spielzeug, das ich ihr aussuchen würde. Ihre Lieblingsbeschäftigung war es, sich im Staub zu wälzen, immer und immer wieder, selbst wenn es Abendessen gab, selbst wenn die anderen Katzen schon fraßen.

Ich stellte Futternäpfe hin, und Monkey blieb davon völlig unbeeindruckt, lag auf dem Rücken, den weißen Bauch in die Luft gestreckt, und bog sich, so weit sie konnte, um sich noch besser am Boden hin und her schlängeln zu können.

Du bist ein kleiner Clown geworden, sagte ich zu ihr, und sie schnellte mit einem manischen Funken in den Augen auf die Beine und schoss davon. Ihre Art zu laufen war merkwürdig, als könnte ihre hintere Körperhälfte nicht mit der vorderen mithalten. Ungeschickt düste sie im Hof herum, krachte in Gegenstände, freute sich des Lebens. Keine Spur mehr von ihrer tyrannischen Ader. Kein Funke Gemeinheit.

Eines Tages beichtete ich auf Instagram, dass ich Monkey von allen Katzen einmal am wenigsten gemocht hatte – fies sei sie gewesen, eine Mobberin, habe mich ständig geschlagen –, und niemand, der sie erst jetzt kennenlernte, konnte es fassen. *Sie ist so eine süße Katze*, sagten sie. *Sie ist doch nur ein kleiner Quatschkopf!*

Und sie hatten recht. Die hungernde Monkey hatte nichts mit der wirklichen Monkey gemein. Alles, was ich für ihre Persönlichkeit gehalten hatte, war Überlebenskampf gewesen.

Bei der Arbeit stellte ich mir jetzt manchmal vor, was die einzelnen Leute wohl mit ihrer Zeit anfangen würden, wenn sie nicht drei Stunden für Essen Schlange stehen müssten. All die Kinder auf den Rücksitzen, würden sie spielen? Lernen? Schlafen? Begriffen ihre kleinen Köpfe, wofür sie sich da anstellten? Würde es sie in ihrem zukünftigen Verhältnis zum Essen, ihrer Freundlichkeit und Kreativität prägen? Wie viel Raum in ihrem Gehirn nahm der Hunger in Beschlag, die Erinnerung daran, dass nicht genug da war, die traurige Wahrheit der letzten Packung Haferflocken?

Und die Leute, die uns den Mittelfinger zeigten, die *Ihr könnt mich mal* riefen. Die Leute, die unfreundlich waren und angriffslustig, die im Laden an der Ecke klauten und vor der Polizei flohen. Ich fragte mich, wie sie wohl wären, wenn sie alles hätten, was sie brauchten. Das Versprechen, dass es ihnen an nichts mehr fehlen würde.

Manchmal versuchte ich bei der Arbeit, den Leuten von Monkey zu erzählen, aber vermutlich klang ich ein bisschen irre. *Die Katze ist jetzt nett!*, sagte ich immer wieder, als wäre das eine bedeutsame Information. Ich übte mich selbst in Nettigkeit, versuchte, meine Schränke gefüllt zu halten, machte Inventur über die Snacks in meiner Schreibtischschublade. Gab mir Mühe, Kekse zu teilen. Versuchte mir vorzustellen, wie ich sein könnte.

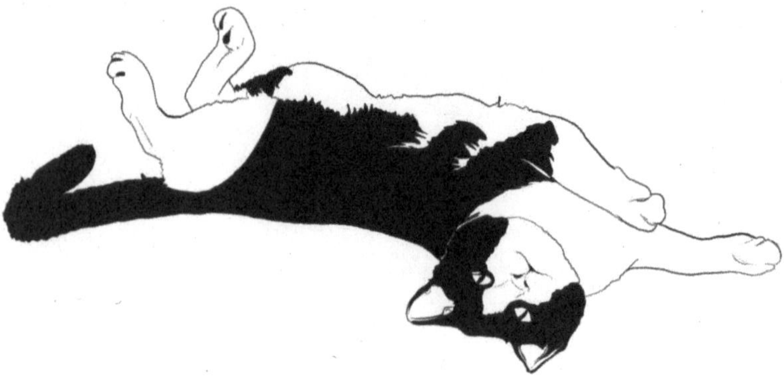

Männer nennen Katzen Schlampen

Vor meinem Umzug in den Poets Square hatte ich noch nie eine rollige Katze gesehen. Manche der Katzen vor unserem Haus wurden den Katern gegenüber ein bisschen anschmiegsamer, rollten sich im Staub, reckten genüsslich die Vorderpfoten, streckten das Hinterteil in die Höhe, zitterten mit dem Schwanz. Manche schrien auf der Suche nach einem Männchen in die Nacht hinaus. Aufdringlich waren sie, lauerten auf die Kater, liefen ihnen immer wieder vor die Nase, warfen sich auf den Boden, bebten und jaulten und drängten. Bettelten darum.

Oh ja, sagte ein Freund, als mir klar wurde, dass Katzen rollig wurden. *Katzen führen sich da auf wie die letzten Schlampen.*

Ich hatte Mini beobachtet, eine magere weiße Katze mit riesengroßen gelben Augen. Sie schien ununterbrochen rollig zu sein, und ich wurde nicht recht schlau daraus, wusste nichts über den Zyklus von Katzen und wie sie sich fortpflanzen. Mini wirkte verwirrt von ihrem eigenen Verhalten: Sie wackelte mit dem Po, streckte den Schwanz in die Höhe, gurrte die Kater an, die sich um sie scharten. Immer wieder schaute sie irritiert zu mir rüber. Sie konnte einfach nicht aufhören, hörte nicht auf, bis sie trächtig war.

Später habe ich gelernt, dass es eine Sache gibt, die man tun sollte, wenn man Streunerkatzen findet – noch bevor man ihnen alberne Namen gibt, sein Erspartes in Katzenspielzeug steckt und definitiv bevor man einen Instagram-Account für sie einrichtet: sie kastrieren lassen. Ich hatte alles falsch gemacht. In der Theorie wusste ich um die Wichtigkeit von Kastration, aber ich hatte keine Vorstellung von der Dringlichkeit, davon, wie rapide und regelmäßig die Katzen sich vermehren würden. Wie sehr sich ihr Verhalten durch den Eingriff änderte.

Mini war die erste der Katzen vor unserem Haus, die ich einfing. Zu der Zeit hatte sie noch nicht einmal einen Namen, ich nannte sie Grauweiße Katze #3. Ihr Blick war immer gehetzt, es lag eine erhöhte Wachsamkeit darin, die sie entwickelt hatte, um auf der Straße zu überleben. Sie hatte vor so gut wie allem Angst, war schreckhaft im Umgang mit anderen Katzen, schien aber ziemlich schnell begriffen zu haben, dass von mir keine Gefahr ausging. Dass meine Anwesenheit Futter bedeutete. Ich blieb in ihrer Nähe betont ruhig, bewegte mich in Zeitlupe, wenn ich ihr Futter hinstellte, und sie schlang es hinunter, starrte mit ihren riesigen gelben Augen zu mir hoch.

Nach der Kastration war Mini wie ausgewechselt. Vorher war sie mit erhobenem Schwanz über den Hof getigert, hatte bebend nach den Katern gerufen. Sie war trächtig gewesen und wieder trächtig und wieder trächtig, war von den anderen Katzen gepiesackt und von den Katern bestiegen worden, sobald sie wieder rollig wurde. Wie sie heulte, in all diesen Nächten, wie sie alle Kater des Viertels zu sich lockte und dann verängstigt dreinschaute, wenn sie sich näherten. Plötzlich war Schluss damit. Nach der Kastration schlief sie unbehelligt in der Auffahrt. Sie ruhte sich aus. Manchmal wälzte sie sich draußen vor der Haustür, das graue Fell stumpf vom Staub, und dann schloss sie die Augen, als müsste sie zum ersten Mal in ihrem Leben nicht auf der Hut sein.

Ich hatte nichts geahnt von dieser ständigen Habtachtstellung bei Tieren, dass diese Katzen immerzu ihren Instinkten folgten und gleichzeitig verwirrt und erschöpft davon waren. Dass sie in unserer Auffahrt mehr und mehr Kätzchen produzierten und sie dann bei ihrem Überlebenskampf beobachteten, als hätten sie das alles nie gewollt. Und wie leicht das alles mit einem Tierarztbesuch zu beheben war.

Mini war die Erste. Dann fing ich Lola ein und brachte sie zum Tierarzt. Anschließend François und Hambone, beides Kater, die ein paar Wochen nach dem Eingriff aufhörten, sich zu raufen und die Weibchen zu jagen.

Es dauerte Monate, bis ich alle dreißig Katzen durchhatte, Monate, bis ich ihre Triebe zum Schweigen gebracht hatte, und ich arbeitete mit Hochdruck daran, alle zum Tierarzt zu befördern, bevor sie sich weiter vermehren konnten. Während der Narkose bekamen alle Katzen eine kleine Markierung an der Ohrenspitze verpasst: ein gängiges Zeichen dafür, dass eine Freigänger-Katze kastriert oder sterilisiert ist. Ich war stolz auf diese gekappten Ohrenspitzen, stolz auf das, was sie jedem, der an unserem Haus vorbeikam, signalisierten. *Ich sorge für diese Katzen*, sagte die Markierung. *Ich unternehme etwas.* Mini schlief inzwischen auf dem Rücken liegend in der Auffahrt. Es gab keine neuen Kätzchen mehr.

Es war nie mein Plan gewesen, ehrenamtlich Streunerkatzen einzufangen. Mir war gar nicht klar gewesen, dass Leute so etwas tun. Ich hatte ja nicht einmal vorgehabt, mich so intensiv mit den Katzen vor meiner eigenen Tür zu beschäftigen. Beim Anblick der sich in der Küche stapelnden Futterkisten und der Berge von Katzenscheiße, die ich jeden Tag aus unserer Ausfahrt klaubte, dachte ich immer noch: *Wie bin ich hier nur gelandet?*

Eines Abends war ich draußen und fütterte die Katzen, schaute zu, wie sie alle von ihren Betten zu ihren Näpfen wuselten, als ein Nachbar vorbeikam und am Ende der Auffahrt stehen blieb. Er wohne ein paar Häuser weiter südlich, erklärte er, und habe mich draußen bei den Katzen gesehen. Er hieß Ray. Er fragte: *Bist du die Katzenfrau?*

Ich verzog das Gesicht. Ich hatte keine Ahnung.

Ich hab auch Katzen vor dem Haus, sagte er. *Kannst du mir helfen?*

Ray hatte acht Katzen, die in seinem Hof und seiner Garage lebten. Erst waren es nur zwei gewesen, dann hatten beide geworfen. Eine von ihnen hatte sich in seiner Garagendecke eingenistet und war schon wieder trächtig. Er nannte sie Little Girl.

Ich versteh überhaupt nicht, wie sie immer wieder trächtig wird, sagte Ray. *Sie ist eigentlich die ganze Zeit da oben.*

Eine Woche lang lief ich jeden Abend die Straße zu Rays Haus hinunter, meine Fallen unterm Arm. Wir stellten sie gemeinsam auf und horchten, warteten darauf, dass Little Girl aus der Deckenverkleidung gekrochen kam, auf das unverkennbare Klicken der zuschnappenden Falle. Ray konnte nicht aufhören, über die Katzen zu reden, wie liebevoll er sich um sie kümmerte, wie sie fast so etwas wie seine Familie geworden waren. Während wir warteten, zeigte er mir seine alten Knasttattoos, erzählte von den Drogen, die er früher genommen hatte, und wie stolz er jetzt auf seine Enkelkinder war.

Als wir es endlich hörten, das dumpfe Rumpeln und Knacken der Deckendielen, das Klicken der Falle, wurde Ray emotional. *Mein Mädchen*, sagte er beim Blick auf die gefangene Katze. Little Girl war flauschig und braun mit dichten Fellbüscheln um den Hals und hatte eine mürrische Miene aufgesetzt, als könnte sie nicht fassen, dass man sie ausgetrickst hatte. Die anderen Katzen waren ihre Kinder, Enkelkinder und Urenkel. Es ging schon Jahre so. Sie wurde rollig, kletterte aus der Deckenverkleidung, bis sie wieder trächtig war, und zog ihre Babys in der Zwischendecke auf.

Es lag eine seltsame Intimität in all diesen Nächten, die ich im Dunkeln vor Rays Garage verbrachte. Er war ein lieber Kerl. Ich war froh, einen Nachbarn kennengelernt zu haben, froh zu wissen, dass sich noch jemand um die Katzen im Viertel sorgte. An diesem letzten Abend vor seinem Haus brach ich auf, um mich im Dunkeln auf den Heimweg zu machen.

Weißt du, sagte Ray, als ich mich zum Gehen wandte. Er nickte ernst, als hätte er noch etwas Wichtiges zu sagen. *Mit deiner Figur hättest du auch 'n nettes Go-go-Girl abgegeben.*

Ich fing an, auch anderen Leuten im Viertel zu helfen, die sich bei mir meldeten, die mich via Instagram anschrieben oder auf der Nachbarschafts-App posteten, weil sie einen Wurf Kätzchen unter ihrem Schuppen entdeckt hatten.

Inzwischen war es Frühling geworden: Kätzchensaison. Die Tausenden Streunerkatzen in der ganzen Stadt wurden alle gleichzeitig rollig und produzierten Massen an Kätzchen, die die Tierheime überfluteten und in den Straßen verendeten.

Mit zwei Fallen im Kofferraum stand ich bei den Nachbarn vor der Tür. Fast immer waren es Frauen, die um Hilfe bei den Katzen baten, und fast immer drückten sich im Hintergrund irgendwelche Männer herum, Partner, Ehemänner, Teenagersöhne, und taten so, als wäre ich lästig, als hätte ich persönlich dafür gesorgt, dass in ihrem Hinterhof streunende Katzen aufgetaucht waren. Als wäre ich potenziell verrückt und diese Verrücktheit ansteckend. *Ah*, sagten die Männer, wenn sie mir die Tür aufmachten. *Die Katzenfrau, oder?*

Ja, ich war eine Frau, ich kümmerte mich um dreißig Katzen, und inzwischen fuhr ich in der Regel mit mehreren Katzenfallen im Kofferraum und ein paar Dosen Thunfisch im Handschuhfach durch die Gegend. Ich sah schon ein, dass die Bezeichnung passte. Trotzdem widerstrebte sie mir von Anfang an.

Verdient man damit was?, wollten die Leute immer wissen. *Ist das dein Job?*

Das war es nicht, aber es erfüllte mich mehr als meine Arbeit, mehr als das Texten und Geldeintreiben. Bei der Tafel saß ich die meiste Zeit am Bildschirm und hoffte inständig, dass ich etwas bewirkte, dass das alles zu etwas Gutem führte. Mit den Katzen war mein Erfolg messbar: drei kastrierte Katzen, zehn kastrierte Katzen, zwanzig kastrierte Katzen. Die Wirkung, die das entfaltete, konnte ich zu Hause beobachten. Früher hatten wir die ganze Nacht das Gejaule gehört, die Raufereien und Paarungsakte, das grauenhafte Fiepen, Heulen und Fauchen. Jetzt herrschte Ruhe. Die Weibchen, mit denen ich unweigerlich eine besondere Verbundenheit spürte, machten den Eindruck, als könnten sie sich zum ersten Mal in ihrem Leben ausruhen.

Alle wollten ständig wissen, was Tim von den Katzen hielt. Das war immer die erste Frage, noch bevor sie sich erkundigten, warum wir überhaupt so viele Katzen hatten oder wie ich dazu gekommen war, ihnen zu helfen, oder wie es war, mehrere Abende in der Woche auf fremden Grundstücken Tiere einzufangen. Ich konnte irgendwem erzählen, dass ich dreißig Streunerkatzen versorgte oder dass ich letzten Monat geholfen hatte, über hundert Katzen zu kastrieren, oder dass ich gerade neun Kätzchen gerettet hatte, die sonst totgefahren worden wären, und statt beeindruckt zu reagieren oder neugierig oder traurig, zogen sie die Augenbrauen hoch und sagten: *Mhm. Und was hält Tim davon?*

Sogar Leute auf Instagram, die ich gar nicht kannte. Völlig Fremde fragten mich ständig: *Was denkt dein Freund über die Katzen?*

Mir gefiel nicht, was sie damit suggerierten – dass Männer prinzipiell keine Katzen mochten oder ihrer Partnerin die Zärtlichkeit missgönnten, die es erforderte, die ganze Nacht in der Auffahrt zu sitzen und den immer neuen Kätzchen die Köpfchen zu streicheln. Als ob das eine Rolle spielte, als wäre der entscheidende Faktor in dem Bemühen, verlassenen Tieren das Leben zu retten, die Zustimmung meines Freundes. Als würde ich damit aufhören, wenn er es von mir verlangte.

Noch mehr als diese Annahmen störte mich ihr wahrer Kern. Tim hasste Katzen nicht, er verbrachte viel Zeit mit mir in der Auffahrt, wedelte mit gefiedertem Katzenspielzeug und streichelte die Kätzchen, wobei seine Hände riesig wirkten. Aber dem Gedanken, dass wir die Verantwortung für ihre Pflege übernehmen sollten, stand er skeptisch gegenüber. Das war eine große Veränderung für unser beider Leben. Wir waren noch kein Jahr zusammen und teilten erst seit Kurzem einen Haushalt.

Eine Grenze zogen wir sofort: keine Katzen im Haus. Wir hatten schon Maggie, meine alte Rettungshündin, die dieser Grenze Nachdruck verlieh, indem sie die Tür anknurrte, sobald die Katzen sich zu weit vorwagten. Mit der Zeit strapazierte ich die Grenze in Notfällen: eine verletzte Katze, die sich bis zu ihrem Tierarzttermin am nächsten Morgen über Nacht im Badezimmer ausruhen durfte, ein paar mit der Flasche aufgezogene Kätzchen in einer Schachtel im Wäschezimmer. Nur für ein paar Nächte. *Und was hält Tim davon?*, fragten alle mit hochgezogenen Augenbrauen.

Als ich dann begann, regelmäßig Katzen einzufangen, wiederholt vor Kastrationskliniken Schlange stand und Gleichgesinnte traf, Leute, die Katzen in Pflege nahmen oder denen große Mengen Streuner zugelaufen waren, kristallisierte sich ein deutliches Muster heraus. Die Katzenleute, die ich kennenlernte, waren ausnahmslos Frauen. All diese Frauen dachten darüber nach, weitere Katzen zu sich zu nehmen, einen weiteren Wurf Kätzchen aufzuziehen, noch mehr Stunden freiwillige Arbeit zu leisten, um noch mehr Tieren zu helfen. Und alle hatten sie denselben Grund, es nicht zu tun: ihre männlichen Partner. *Ich würde ja so gerne*, sagten sie immer, wenn sie eine hilfsbedürftige Katze ablehnen mussten. *Aber mein Mann bringt mich um.*

Tims Hobby war Mountainbiken, und seine Fahrradsammlung nahm ein ganzes Zimmer in Anspruch. Dann eroberten nach und nach die Fahrradketten, -helme und -pumpen das Haus, seine Spandex-Trikots hingen ständig zum Trocknen über den Küchenstühlen, an den Wänden zeichneten sich Profilspuren schlammiger Reifen ab. An langen Wochenenden fuhr er zu Rennen in den Norden, und jeden Samstagmorgen brach er um halb fünf zu sechsstündigen Touren auf. Alle waren immer beeindruckt von seinem sportlichen Enthusiasmus. Was ich davon hielt, fragte nie jemand.

Je mehr Nächte ich damit verbrachte, überall in der Stadt verwilderte Katzen einzufangen, desto mehr wurde ich angegraben, meistens von Männern, denen ich sonst wahrscheinlich nie begegnet wäre. *Horizonterweiterung* nannte es eine Freundin.

Seit über einem Monat stellte ich jetzt schon Fallen mit Brad auf, wir arbeiteten uns durch die Dutzenden Katzen, die sich über Jahre auf dem Schrottplatz hinter seinem Haus vermehrt hatten. Er schaffte dort jetzt Ordnung, sortierte Metallabfälle, zerkleinerte rostige Fahrgestelle alter Autos und stieß dabei immer wieder auf Kätzchen. Ein Wurf nach dem anderen, die Mütter kreuz und quer durcheinander, sodass wir keine Ahnung hatten, wer zu wem gehörte. Brad packte mit an, hatte den Umgang mit den Fallen gelernt und schickte mir Updates. Ich kam täglich auf seinem Grundstück vorbei, brachte die frisch kastrierten Katzen zurück und fing ein paar neue für die nächste Runde. Er ließ inzwischen das hintere Tor für mich offen, damit ich nicht auf ihn warten musste. *Dir vertrau ich*, sagte er mit einem freundlichen Zwinkern. *Ich lass nicht jeden dahinten rein.*

Brads Nachrichten schweiften immer öfter zu anderen Themen ab: Er machte beiläufige Kommentare zum Wetter, wünschte mir einen schönen Tag. Er war ungefähr Mitte sechzig und ein freundlicher Typ. Er lebte allein – nur Brad, sein Schrottplatz und seine achtundvierzig Katzen. Es war nicht mein Job, Mutmaßungen über sein Leben anzustellen.

Uns blieben noch acht Katzen, die kastriert werden mussten. Ich sah eine Nachricht von Brad auf meinem Handy und öffnete sie, ohne nachzudenken, rechnete mit einem Update zum aktuellen Wurf Kätzchen.

Pass auf, las ich. *Ich hab für heute ein Hotelzimmer reserviert. Falls du Interesse hast …*

Ich starrte auf die Nachricht, erwartete, dass gleich die Erklärung folgen würde, er habe der falschen Nummer geschrieben. Zwei seiner Katzen waren noch beim Tierarzt. Ich sollte sie ihm heute Abend zurückbringen.

Mein Display leuchtete erneut auf. Wieder Brad. *Ich kann ein Geheimnis für mich behalten ;)*

Die beiläufige Misogynie in der Katzenrettung war mir nicht neu. Es war dieselbe Misogynie, die ich erlebt hatte, als ich an der Rezeption eines fast ausschließlich von Männern besuchten

Fitnessstudios arbeitete, derselbe Sexismus, der mir auch bei meinem Schreibtischjob begegnete, nur eine neue Variante der unterschwelligen Angst, die ich mit mir herumtrug, wann immer ich alleine unterwegs war. All das schockierte mich nicht mehr.

Nicht erwartet hatte ich hingegen, wie sich die Misogynie auch gegen die Katzen richtete. Slutshaming menschlicher Frauen war ich gewohnt. Neu war mir allerdings, dass Männer auch Katzen Schlampen nannten.

Ich kam irgendwohin, um eine trächtige Streunerkatze einzufangen, und um mich herum wurde darüber geredet, dass diese bestimmte Katze wieder und wieder trächtig wurde, wie häufig sie rollig war und wie sie sich den Katern zur Schau stellte. *Die ist dauerschwanger*, sagten sie. *Kann die Beine nicht zusammenhalten!*

Männer beobachteten eine rollige Katze, die den Po in die Höhe reckte und mit dem Schwanz schlug, während ich meine Fallen mit Thunfisch präparierte, um Katzen anzulocken und kastrieren zu lassen. *Die wackelt mit dem Arsch wie ein Showgirl*, sagten die Männer. *Das ist 'ne kleine Hure.*

Wenn die Männer Freundinnen oder Ehefrauen dabeihatten, verpassten die ihnen scherzhafte Klapse. *Das ist eine Katze*, sagten die Frauen. *Sei nicht so widerlich.*

Es hatte etwas Ekelerregendes, wie einfach dieses Wort den Männern über die Lippen ging, wie beiläufig sie eine Katze als Hure bezeichneten. Mir wäre es im Leben nicht eingefallen, das Wort für ein Tier zu verwenden. *Und wen nennt ihr sonst noch so Schlampe?*, wollte ich immer fragen, wohl wissend, dass mir die Antwort nicht gefallen würde.

Mini wollte mich anmaunzen, bekam aber nie einen Ton heraus. Sie vertraute mir nicht, nicht richtig jedenfalls, aber wenn ich mit dem Frühstück zur Tür rauskam, öffnete sie zur Begrüßung das Maul. An ihren perfekten Zähnen, die sich beim Miauen strahlend weiß abhoben, erkannte ich, dass sie noch jung war. Ich war immer wieder erstaunt, wie leise sie war, wie lautlos sie im Hof herumschlich. *Mini, mein Mädchen*, sagte ich, und sie öffnete zur Antwort ihr Maul.

Einmal bekam ich einen Anruf wegen einer Katze, die gerade warf und Probleme hatte, ihr winziges feuchtes Kätzchen hatte sie schon halb auf die Welt gebracht. Ich fuhr so schnell ich konnte hin und sah eine Gruppe Männer in Trainingsanzügen, die in einem Hof herumhingen und auf improvisierten Hantelbänken Gewichte stemmten, Handtücher über die Schulter geworfen. Notgedrungen sprach ich sie an. Fragte, ob sie mir etwas zu der Katze sagen könnten, ob sie wüssten, wo sie sei. *Das ist unsere Katze*, sagten sie und wollten mich wegschicken.

Wenn sie medizinische Versorgung braucht, kann ich helfen, erklärte ich. *Ich bringe sie auch zurück.*

Ich erklärte, man könne die Katze kastrieren lassen, um zu verhindern, dass sie wieder und wieder in diesem kargen, staubigen Hof Kätzchen zur Welt bringen musste.

Nein, nein, sagten sie. *Das ist einfach ihr Ding. Die kriegt ständig Junge.*

Die ist ein kleines Flittchen, fügte einer hinzu, und sie lachten.

Ein anderer zog die Jacke aus, unter der er nur ein Unterhemd trug, und machte einen Schritt auf mich zu. *Sie ist ein kleines Flittchen*, wiederholte er, und dann nickte er in meine Richtung. *Und du?*

Als ich anfing, Katzen einzufangen, trug ich schon seit Jahren einen falschen Ehering, um Männern den Wind aus den Segeln zu nehmen. In Cafés oder Bars hatte das so gut wie keinen Effekt, die Männer dort bemerkten den Ring entweder nicht, oder er war ihnen egal. Aber seit ich mit Katzen arbeitete, schien jeder Mann ihn sofort zu registrieren. Manchmal fing ich spätabends Katzen in Gassen hinter Ladenzeilen ein. *Dein Mann lässt dich so allein hier draußen?*, fragten Männer. Wenn ich auf ihrem Grundstück war, meine Fallen auf ihrer kleinen Terrasse aufstellte, zwischen ihren Grills und Feuerholzstapeln, waren sie mutiger. Es war offensichtlich, dass ihre Fragen nicht auf meine Sicherheit abzielten. *Ah, verheiratet*, sagten sie. *Was hält denn dein Mann von den ganzen Katzen?*

Weiß dein Mann, dass du hier gerade bei einem anderen Typen bist?, fragten Männer, und dann zwinkerten sie oder lachten, oder sie hielten ihre Miene unbewegt, warteten auf meine Reaktion. Damit musste ich leben, wenn ich den Katzen helfen wollte. Den kleinen rolligen Katzen, die sich verzweifelt in den Gassen herumdrückten, noch ihren letzten Wurf säugten und schon trächtig mit dem nächsten waren, während die riesigen Kater ihnen jede Nacht nachstellten, ihnen keine Ruhe gönnten. Ich fing den Blick dieser Katzen auf und setzte meine ganze Energie ein, um mit ihnen zu kommunizieren, ihnen eine telepathische Botschaft zu übermitteln: *Komm, geh in die Falle. Ich lass dich kastrieren. Dann wird es besser.*

Katzen gelten weithin als Zeichen dafür, dass eine Frau alleinstehend ist. Es ist ein so gängiges Motiv in Serien und Filmen: Eine Frau wendet sich von der Liebe ab, akzeptiert die Aussicht auf ein Leben in Einsamkeit und schafft sich ein paar Katzen an. Wenn man die Steuersoftware TurboTax benutzt, ist eine der ersten Fragen die nach dem Familienstand: alleinstehend, verheiratet, geschieden, dauerhaft getrennt lebend. Jede Option ist mit einer kleinen Grafik illustriert: *verheiratet* mit zwei Eheringen, *geschieden* mit einer Papierrolle als stilisierte Urkunde, *dauerhaft getrennt lebend* mit einer Weggabelung. Das Symbol für *alleinstehend* ist eine einzelne Figur mit Katze.

Manchmal wirken Menschen erstaunt, weil ich nicht Single bin, als wäre die Sorge um die Streunerkatzen grundlegend unvereinbar mit einer romantischen Beziehung. Manchmal wirken Menschen schockiert, dass sich überhaupt jemand um Streuner schert, als wären die in den Straßen jammernden Katzen ein Talisman gegen wahre Liebe. Als stellte man eine Schüssel Katzenfutter vor die Tür und wäre augenblicklich dem Untergang geweiht.

Außerdem ist dieses von Katzen gekennzeichnete Singledasein offenbar automatisch gleichbedeutend mit Frigidität. Das äußert sich darin, dass Männer, und sei es nur im Scherz, eine Straßenkatze slutshamen, weil ihre biologische Veranlagung sie zur Partnersuche zwingt, und gleichzeitig jede Frau als frigide abstempeln, die besagte Straßenkatze aufliest und zum Tierarzt bringt. Zu viel Sex, nicht genug Sex.

Mir begegneten die seltsamsten Irrtümer über menschliche Sexualität und die Biologie von Katzen, und es war absurd, sie richtigstellen zu müssen. Da waren Männer, die sich sträubten, Kater kastrieren zu lassen, weil sie dann keinen *Spaß mit den Weibchen* mehr haben könnten, und Frauen, die es witzig fanden, wie eine Katze schrie, wenn sie von einem Kater bestiegen wurde. All das war für mich damit verwoben, wie Männer mit mir über Katzen sprachen – oder mit Katzen über mich. *Komm, Fluffy*, sagten Männer, wenn ich kam, um den aktuellen Wurf Streunerkatzen abzuholen, der unter ihrer Veranda auf die Welt gekommen war. *Diese hübsche junge Dame ist hier, um dir zu helfen.*

Frauen schien der Anblick rolliger Katzen manchmal peinlich, händeringend und mit rotem Kopf beschrieben sie mir, was die Katzen hinter ihren Häusern trieben. *Ich weiß nicht, was ich mit der schwarzen Katze machen soll*, sagte eine Frau. *Wir haben ihren ersten Wurf aufgezogen, aber sie macht immer weiter, jede Nacht ist sie da draußen und hört einfach nicht auf.* Im Hintergrund feixte ihr Mann.

Auch die anderen Frauen, die mit mir Fallen stellten, wirkten manchmal beschämt, als wären sie zur Katzenrettung verführt worden, wüssten aber, dass sie damit dem Klischee entsprachen. Manche zelebrierten das stolz, trugen Shirts mit der Aufschrift *Crazy Cat Lady*, scherzten, sie würden ihren Mann rausschmeißen, um noch mehr Platz für Katzen zu schaffen.

Kater, die nie kastriert worden waren, sahen irgendwann aus wie alte Teddybären mit schlaffen Blumenkohlohren. Die Backen vom Testosteron aufgedunsen, Hals und Gesicht nach jahrelangen Raufereien narbenüberzogen. *Ein echter Kerl*, sagten Frauen, wenn ein verwilderter Kater sich wütend in einer dunklen Gasse aufbaute und wachsam sein Revier verteidigte. *So aggressiv.* Immer wieder erklärte ich, dass diese Kater ihre gesamte Zeit mit Schlägereien und der Zeugung von Jungen verbrachten, dass ihr Leben mit einer Kastration so viel ruhiger sein könnte. *Nein*, protestierten die Männer mit einer Empörung, als hätte ich vorgeschlagen, ihre menschlichen Geschlechtsgenossen zu kastrieren. *Er paart sich den ganzen Tag? Schön für ihn.*

Die Katzen vor unserem Haus waren jetzt ruhig. Mini war immer schlank gewesen, lang und schlaksig wie ein Frettchen, aber ein paar Monate nach ihrer Kastration legte sie langsam an Gewicht zu. Tim ging meistens gegen acht ins Bett, weil er für seine Fahrradtouren früh aufstand, und statt mich mit ihm hinzulegen, schlich ich raus in den Carport und streckte meine Hand nach Mini aus, rückte ihren Napf immer näher zu mir, bis sie eines Abends nicht mehr wegrannte, sondern an meiner Hand schnupperte. Sie ließ sich anfassen, zuckte nur noch ein bisschen zusammen, wenn ich ihr über den Rücken strich. Sie war weicher, als ich erwartet hatte, ihr Blick nicht mehr so hektisch, und statt sich meiner Berührung zu entziehen, entspannte sie sich. Ich spürte, wie ihr ganzer Körper in einem Moment noch verkrampft war und dann plötzlich nicht mehr – und ich beobachtete, wie ihre riesigen gelben Augen sich einmal schlossen und dann noch einmal. Sie sah mich an, signalisierte mir langsam blinzelnd ihr Vertrauen und legte sich direkt vor mich hin. Stunden verbrachte ich so mit ihr, Abend für Abend, mit vor Zärtlichkeit und Stolz geschwellter Brust, weil sie sich so verändert hatte, weil ich ihr geholfen hatte, weil wir beide verwundbare kleine Geschöpfe waren, die sich einfach nur sicher fühlen wollten.

Ich versuchte, den Menschen um mich herum zu erklären, wie sinnstiftend es für mich war, so eine große Veränderung in so einer kleinen Katze zu sehen. Wie viel Zärtlichkeit sie verdiente. *Moment*, sagten die Leute. *Du gehst nicht um die gleiche Zeit wie Tim ins Bett? Ihr geht nicht zusammen schlafen?* Sie kniffen die Augen zusammen, als hätte ich mich gerade als Hexe geoutet. *Macht ihm das nichts aus?*

Seit einem Monat schickte ein Mann namens Scott mir Fotos von den Zitzen seiner Katze. Sie hatte gerade geworfen, deshalb waren sie geschwollen, wie es bei Säugetieren ganz normal ist. *Schau dir die Nippel an*, schrieb er mir, anbei eine Nahaufnahme ihrer zwei Reihen Zitzen.

Die sehen gut aus, antwortete ich, unsicher, worauf er hinausauswollte. *Lass die Kätzchen bei ihr, bis sie etwas älter sind.*

Ja klar, antwortete er. *Aber sieht schon komisch aus. Hat ihre Titties raushängen. Soll sich mal was anziehen!*

Ich selbst gab mir größte Mühe, mich bedeckt zu halten. Tim ermahnte mich immer, Pfefferspray mitzunehmen, und ich wusste nicht, wie ich ihm erklären sollte, dass die Bedrohung nicht in physischer Gewalt bestand. Meist waren es nicht einmal richtige Annäherungsversuche. Die Männer, denen ich begegnete, waren oft sympathisch, teils geradezu gutmütig. Sie nannten Katzen so beiläufig Schlampe, dass sie es ganz offensichtlich nicht so meinten. Es war ein Scherz für sie.

Meine tägliche Erschöpfung rührte eher daher, wie sehr ich mich zurückhalten musste, um irgendwie meine Arbeit erledigt zu bekommen – und wie oft ich aus Selbstschutz nur stumm nickte. Manchmal fragte ich mich, ob mein Bedürfnis, Streunerkatzen zu helfen, von meinem eigenen Wunsch nach Sicherheit zeugte, davon, wie verwundbar ich mich in der Welt fühlte, wie sehr ich mich danach sehnte, von jemandem in den Arm genommen und beschützt zu werden. Wie Mini mit ihrer ständigen Alarmbereitschaft, ihrer erhöhten Wachsamkeit gegenüber jeder Bewegung um sie herum.

Wortlos stimmte ich den Männern zu: Klar, die Katze, die ich gerade einfangen wollte, war eine Hure. Klar, eine Kätzin hatte ganz ähnliche Körperteile wie ich. Und natürlich, daran wurde ich täglich erinnert, war es mein Job, die Männer bei Laune zu halten, bis die Katzen auf ihren Grundstücken kastriert waren. Die Bedrohung lag in der Erinnerung, dass ich keine Kontrolle hatte. Dass ich in den Augen vieler Männer ebenso hilflos war wie eine winselnde Straßenkatze.

Sad Boy und Lola

Sad Boy erschien jeden Abend wie der Mond, groß und weiß erhob er sich über dem Dach. Er war ein Streuner, sah aber mit seinen vernarbten Wangen und dem schläfrigen Blick aus wie eine uralte Gottheit, riesenhaft und verwittert. Er war die älteste und größte Katze, die ich je gesehen hatte, wild und scheu, lag immer auf dem Dachvorsprung und ließ die riesigen Vorderpfoten baumeln. Er sah alles.

Sad Boy war nie allein. Er war immer in Begleitung von Lola, einer großen braun getigerten Katze. Sie war Sad Boys Bodyguard und Geliebte, Gefährtin, Beschützerin und Freundin. Sie war eher dunkel, ihre Schwanzspitze ganz schwarz, und verschmolz so mit der Nacht, dass ich manchmal nach Anbruch der Dunkelheit zum Dach hinaufschaute und nur Sad Boy dort sitzen sah, meinen Mondgott, meinen weisen Riesen, bis sich meine Augen an die Dunkelheit gewöhnt hatten. Und dann sah ich sie: Lola, ihre leuchtenden Augen, die Silhouette ihres Körpers neben seinem. Immer waren sie zusammen auf dem Dach. Immer sah es aus, als beobachteten sie die Sterne.

Man sah die beiden selten alleine. Früh am Morgen stiegen sie von ihrem Dach herab wie ein Königspaar, Sad Boy ging voran, Lola folgte ihm, setzte die Pfoten genau dort auf, wo eben noch seine gewesen waren, und dann nahmen sie das Frühstück ein, das ich ihnen serviert hatte. Anschließend saßen sie da und leckten sich in vollkommenem Einklang erst die linke Pfote und dann die rechte. Sad Boy schlief ein, sein uralter weißer Leib wie ein Haufen schmelzende Eiscreme, und Lola putzte ihn, leckte seine Ohren und die Stelle zwischen seinen Augen. Ich übertreibe nicht, wenn ich sage, dass sie Händchen hielten: ausgestreckt in ihrem gemeinsamen Katzenbett auf unserer Veranda, aneinandergeschmiegt, ihre riesige braune Pfote auf seiner riesigen weißen.

Sad Boy und Lola zusammen zu sehen war fast unerträglich süß. Wie sanft sie miteinander waren, wie unzertrennlich.

Wer hätte ahnen können, kommentierte jemand auf Instagram, *dass die wahre Liebe von einem Paar verwilderter Katzen in Arizona erfunden wurde?*

Hier eine frühe Lektion, die ich über die Liebe gelernt habe.

Als ich einundzwanzig war, hatte ich einen Sommerjob in einem örtlichen Fitnessstudio, wo ich acht Stunden täglich Sportgeräte abwischte. Einer der regelmäßigen Studiobesucher, blond, breites Lächeln, saß gerade an der Brustpresse. Ich sah mir seine Oberarme an. Als ich in meinen bunten Sneakers an ihm vorbeiging, fing er meinen Blick auf, nickte in Richtung meiner Füße und sagte: *Nice Schuhe.*

Von da an quatschten wir jedes Mal an der Rezeption, wenn er kam. Er hieß Robby. Er sagte mir nicht gleich, wie alt er war, und ich verschwieg, dass ich frisch vom College kam. Bei unserem ersten Date nahm er mich mit zu unserem Kleinstadt-Flughafen, wo er Zugang zu den Rollbahnen hatte, weil er manchmal die einmotorige Maschine eines Kumpels flog. Auf dem Weg hatten wir uns Eis geholt, richtige Becher zum Mitnehmen, mit

Plastiklöffeln. Wir setzten uns im Dunkeln auf die Rollbahn, mitten darauf, er legte einen Schalter um, und rechts und links von uns leuchteten alle Lichter der Landebahn auf und spannten sich in gepunkteten Linien durch die Nacht.

Es war aufregend.

Stundenlang saßen wir dort, sprachen über Dinge, die mir tiefgründig, wichtig und erwachsen vorkamen, ein erstes Date, wie man es sonst nur aus Filmen kennt. Wir saßen im Schneidersitz auf dem Asphalt, einander zugewandt, und hielten uns an den Händen. Er beteuerte, er habe hinter mir eine Sternschnuppe gesehen. Irgendwann nach Mitternacht gingen wir zurück zu seinem Auto, und er machte ein ganz ernstes Gesicht. *Ich mache so was nie*, sagte er, und dann küssten wir uns.

Bevor mir klar wurde, dass die beiden immer zusammen waren, habe ich Sad Boy und Lola einmal getrennt. Ich wusste es nicht besser. Sie waren zwei von dreißig Katzen, für die ich plötzlich zuständig war, und ich hatte noch nicht alle sozialen Dynamiken durchschaut. Ich wusste damals nur, dass Lola trächtig war und in einer Falle saß, und nach einem Tierarztbesuch, um sie kastrieren zu lassen, bot eine benachbarte Katzenretterin ihr freies Schlafzimmer an, damit Lola sich in Ruhe erholen konnte.

Einen Monat lang war Lola weg. Sad Boy tauchte hin und wieder im Hof auf, sah schmutzig und grau aus. Ich kann ihn nicht anders beschreiben als niedergeschlagen, trübsinnig. Er putzte sich nicht mehr. Er hatte abgenommen, saß abends allein auf dem Dach und wirkte verloren.

Auch Lola hörte auf zu fressen. Sie war gestresst und verschlossen, ihr Blick wurde von Tag zu Tag stumpfer.

Sie baut total ab, sagte die Katzenretterin. *Sie will nicht mehr.*

Wir kannten den Grund nicht. Wir wussten nicht, was Lola vermisste, wir wussten nicht, worauf Sad Boy wartete.

Wir brachten Lola zurück zu unserem Haus, und sie saß noch in der Transportbox vor der Tür, als Sad Boy am Ende der Auffahrt erschien. Dort hatte ich ihn noch nie gesehen. Er ließ sich nie im Hof blicken, kam nie so nah, erst recht nicht bei Tageslicht. *Was macht der denn hier*, wunderte ich mich und musterte ihn, wie er da saß, stoisch, die Nase in der Luft. Lola hatte sich in die hinterste Ecke der Transportbox gedrückt und versucht, sich zu verstecken, aber plötzlich näherte sie sich der Tür. Schnupperte.

Dann wurden sie beide munter, Sad Boy und Lola. Ich schaute zwischen ihnen hin und her, beobachtete, wie sie Fährte aufnahmen, einander witterten. Lola stieß ein Gurren aus, das ich noch nie von ihr gehört hatte. Sad Boy drehte die Ohren in Richtung des Geräuschs. Ich spürte, dass ich Zeugin von etwas wurde, ich war mir nur nicht sicher, wovon.

Ich ließ Lola aus der Box, und sie verschwand in der Dunkelheit. Am nächsten Morgen saßen sie zusammen auf dem Dach. Sad Boy und Lola. Sad Boy war wieder spektakulär weiß, strahlte sauber geleckt im Sonnenlicht. Flauschig sah er aus, wie gebadet und geföhnt. Lola saß mit eingezogenen Pfoten da, den Schwanz um Sad Boy geschlungen. Irgendetwas spielte sich zwischen den beiden ab, da war eine Verbindung, ein wunschloses Glück, das sich meinem Verständnis entzog.

Es tut mir leid, sagte ich zu ihnen, und sie blinzelten vom Dach auf mich herunter.

Ein paar Wochen nach dem ersten Date mit Robby hatte ich Geburtstag. Ich wurde zweiundzwanzig. Er hatte sein Alter inzwischen beiläufig erwähnt, es ins Gespräch eingeflochten, als wir uns schon geküsst und die Flughafenlichter mich schon hypnotisiert hatten. Er war fünfunddreißig.

An meinem Geburtstag arbeitete ich noch spät im Studio, füllte an der Rezeption neue Mitgliederformulare aus, als Robby vorbeikam, um mir einen Cupcake und eine Karte zu bringen. Er sagte kein Wort, schneite nur kurz rein, schob den Cupcake über den Tresen, zwinkerte mir zu – und ging wieder. Meine Kolleginnen zogen vielsagend die Augenbrauen hoch, und ich wurde rot.

Es schien ein gutes Zeichen zu sein. Ich kannte nur zwei Kategorien für Menschen – gut und schlecht –, und jemand, der mir zum Geburtstag einen Cupcake brachte, war *gut*. So einfach tickte ich.

Ich wohnte in diesem Sommer bei meinen Eltern, trug Geschirr und Regale aus Secondhandläden zusammen, um in einem Monat in meine Gradschool-Wohnung zu ziehen. Ganz blauäugig erzählte ich meiner Mom von Robby: vom Flughafen, den Landebahnlichtern, unseren vielen Gemeinsamkeiten. *Wir waren beide nicht auf der Suche nach einer Beziehung*, sagte ich, als wüsste ich irgendetwas. *Aber so etwas passiert eben.*

Ich verschwieg sein Alter, blieb vage, aber sie durchschaute mich sofort. *Wie alt ist er?*, fragte sie, und noch bevor ich antwortete, hatte sie mein Zögern schon eingeordnet, kannte den Grund, warum ich es hatte verschweigen wollen. *Was sollte einen fünfunddreißigjährigen Mann deiner Meinung nach an einer Zweiundzwanzigjährigen interessieren?*

Ich war bestürzt. Beleidigt.

Wir haben eine besondere Verbindung, erklärte ich. Und so war es doch: In dieser ersten Nacht am Flughafen hatten wir beide unser ganzes Leben voreinander ausgebreitet, alles, was uns je passiert war, unsere ganze Vergangenheit und Zukunft. *Was machen wir denn jetzt?*, hatten wir gefragt, kichernd, unsere Finger ineinander verschlungen. War doch nicht mein Problem, wenn meine Mom das nicht kapierte.

In einem Monat würde ich ausziehen. Auf mich wartete ein Graduiertenprogramm, ein neuer Job, ein kompletter Neuanfang. Ich hatte Robby.

Die Geschichte von Sad Boy und Lola war die erste meiner Katzengeschichten, die online Beachtung fand. Es war schwer, den beiden nicht sofort zu verfallen. Sad Boy, dem steinalten Straßenkater, der die Weisheit des Universums in sich zu tragen schien, und seiner wilden Frau, die ihr Leben für ihn geben würde.

Er hat eine Frau?!, fragte irgendwer, und ich teilte Videos von Lola, die ihn bewachte, ihm das Fell putzte, ihm Spielzeug vor die Füße warf. Sad Boy spielte und jagte nie, er war zu alt, zu sanft und gelassen, aber Lola rannte im Hof herum, sammelte Grillen im Maul und brachte sie ihm wie Opfergaben. Sie streckte sich vor ihm aus, und Sad Boy legte das Kinn auf ihren Körper.

Wie Susi und Strolch, nur als Streunerkatzen, kommentierte jemand. *Die größte Liebesgeschichte unserer Generation.*

Ich achtete darauf, dass alles, was ich für sie kaufte, groß genug für zwei war: ein extragroßes Katzenhaus, den größten Kratzbaum, den es gab, ein Bett in Hundegröße. Sie ließen sich auf unserer hinteren Veranda nieder, ich füllte ihr Futter jeden Abend in identische nebeneinanderstehende Näpfe und beobachtete durchs Fenster, wie sie ihr Abendessen teilten und einander sauber leckten.

Meistens schlief Sad Boy als Erster auf ihrem riesigen Bett ein, und jedes Mal, wenn Lola darüberlief, um sich zu ihm zu legen, hinterließ sie eine kleine Spur Pfotenabdrücke auf dem plüschigen Stoff. Jeden Tag zur Abendessenszeit, kurz vor Einbruch der Dämmerung, bot sich diese Aussicht aus meinem Küchenfenster: das große samtige Bett, die zwei auf unerklärliche Weise verliebten Katzen und ein kleiner Pfad aus Pfotenabdrücken über ihre Kissen.

Wenn ich nicht gerade im Fitnessstudio arbeitete, ging ich dort laufen, spulte Meile um Meile auf dem Laufband ab. Robby und ich passten unsere Terminkalender aneinander an, damit wir uns so viel wie möglich sehen konnten, aber das Laufen gab ich nicht auf. *Na klar*, sagte er, wenn ich erklärte, ich müsse noch ins Fitnessstudio, bevor ich über Nacht zu ihm kam. *Ich find's toll, wie du dich fürs Laufen begeisterst.* Ein gutes Zeichen, dachte ich.

Irgendwann forderte er mich auf, die Spandex-Shorts, die ich immer trug, nicht mehr anzuziehen.

Ich trau den anderen Typen nicht, sagte er. *Ich hab gesehen, wie du in den Shorts aussiehst.*

Ich war zweiundzwanzig, besessen vom Laufen, besessen davon, wie mein Körper auf andere Menschen wirkte. Irgendwie fühlte ich mich geschmeichelt, oder vielleicht dachte ich auch, er würde scherzen, oder vielleicht lag es so fern für mich, dass er von mir verlangte, etwas nicht mehr anzuziehen, was ich jeden einzelnen Tag anhatte, dass ich es nicht einmal richtig registrierte. Auf jeden Fall zog ich die Shorts am nächsten Tag trotzdem an, und als ich meinen Lauf beendet hatte und aufs Handy schaute, noch auf dem Laufband, war da eine Nachricht von Robby.

Du hast die Shorts an.

Ich blickte mich um.

Ich hab dich gesehen.

Ich kapierte gar nichts mehr.

Später behauptete er, er sei beim Fitnessstudio vorbeigekommen, um Hallo zu sagen, hatte mich dann aber in diesen Shorts gesehen und sei so verletzt gewesen, so enttäuscht, weil ich ihm das antat, dass er sofort wieder gefahren war. Die ganze Sache fühlte sich schlecht an, aber in meinem Kopf hatte ich ihn schon unter *gut* verbucht und war nicht in der Lage, Zwischentöne zu erkennen und festzustellen, dass er nette Sachen gemacht hatte und jetzt trotzdem etwas Schlechtes tat.

Er redete sich raus. Ich glaube, ich entschuldigte mich. Ich war verwirrt, aber andererseits war ich schon mein Leben lang von Menschen verwirrt gewesen, in jeder Freundschaft, jeder sozialen Situation hatte ich immer das Gefühl, nicht demselben Skript zu folgen wie die anderen. Natürlich war es also meine Schuld. Ich hatte etwas missverstanden. Es lief doch gut zwischen Robby und mir, ich wollte nicht diejenige sein, die das kaputt machte.

Tut mir leid, sagte ich und trug die Shorts nicht mehr.

Sad Boy und Lola hassten mich oder hatten zumindest Angst vor mir. Sie waren beide verwilderte Katzen, draußen groß geworden, ohne Kontakt zu Menschen, und wussten einfach nicht, was sie von mir halten sollten. Ich durfte mich ihnen nicht nähern. Inzwischen benutzte ich die Veranda überhaupt nicht mehr. Dabei war ich bei unserem Einzug so begeistert gewesen von der kleinen, schattenspendenden Pergola, umrankt von blühenden Kletterpflanzen. Ich hatte Gartenstühle und kleine Tische gekauft. Sah mich schon an Frühlingsabenden dort sitzen und lesen, liebäugelte mit einer Hängematte.

Stattdessen stellte ich den Platz voll mit Kratzbäumen, Wasserschüsseln und Spielzeug. Wenn ich den Garten betrat oder auch nur den Knauf der Hintertür drehte, hauten Sad Boy und Lola ab, flüchteten sich auf ihr Dach, außerhalb meiner Reichweite. Ich blieb weitgehend im Haus und überließ ihnen die Veranda. Ich kaufte eine Hängematte für Katzen, und sie schliefen darin, schaukelten sachte im Wind.

Im Winter legte ich ein Heizkissen in das riesige Katzenbett auf der Veranda. Es hatte einen Zeitschalter, der es jeden Abend bei Sonnenuntergang aktivierte, aber ich traute dem Mechanismus nicht. Viele Nächte lag ich gemütlich im Bett, geschützt vor Wind und Wetter, und überlegte, ob das die Nacht war, in der der Zeitschalter versagte, das Heizkissen nicht aktivierte, und Sad Boy und Lola sich auf einem kalten Bett einrollten und nicht verstanden, warum es einfach nicht warm werden wollte. Zu viele Nächte stand ich im Dunkeln noch einmal auf, schlich barfuß nach draußen und fror mir die Füße ab, um das Heizkissen zu kontrollieren. In der Dunkelheit lagen Sad Boy und Lola aneinandergeschmiegt, nicht in der Lage, meine Anwesenheit als Liebesbeweis zu deuten, und fauchten mich an.

Im Internet fragten die Leute: *Was hat man von Katzen, die einen nicht zurücklieben?*

Ich wusste nicht, wie ich die langen Nächte erklären sollte, die Schlaflosigkeit, die besorgten Blicke aus dem Fenster, um sicherzugehen, dass sie beide genug zu fressen bekamen. Die heftigen Gefühle, die sich einstellten, wenn ich sie durch den Garten laufen sah, die Schwänze ineinander verschlungen. Manchmal kam es mir vor wie etwas ganz Besonderes, als würde ich etwas beiwohnen, das eigentlich nicht für meine Augen bestimmt war. Ich verfolgte die Liebe zwischen ihnen, verarztete meine Hände, die sie mir zerkratzt hatten.

Ich hatte nie gelernt, was ich von der Liebe erwarten konnte. Wie viel sollten wir erdulden? Und was haben wir im Gegenzug verdient?

Am Tag meines Umzugs in die neue Wohnung redete Robby gerade nicht mit mir. Warum, weiß ich nicht mehr, nur dass wir gemeinsam irgendwohin zum Abendessen gefahren waren und ich etwas gesagt hatte, das ihn wütend gemacht hatte.

Wir waren seit einem Monat zusammen und hatten seitdem jeden Tag miteinander verbracht, zwölf Stunden am Stück, Verabredungen zum Abendessen, die sich bis zum Morgen hinzogen. Er flog mich ein paar Staaten weiter, nur um ein Eis zu essen, ging mit mir Fallschirmspringen, zahlte für alles. Als ich ein Gemälde in seiner Wohnung bewunderte, nahm er es von der Wand und reichte es mir. *Es gehört dir*, sagte er, und ich war hin und weg.

In der Nacht unseres Streits hatte ich nicht begriffen, was eigentlich passiert war, was ich Falsches gesagt hatte. Er wurde immer wütender, und ich war verzweifelt und durcheinander, versuchte, unser Gespräch bis zu dem Punkt zu rekonstruieren, an dem es aus dem Ruder gelaufen war, musste zusehen, wie mir der letzte Monat voll perfekter Dates, wie mir dieser perfekte Mann entglitt. *Warte*, sagte ich im Versuch, den Anschluss zu finden, aber irgendwie machte ihn das noch wütender, und er fuhr immer schneller durch die Dunkelheit, leichtsinnig, schlängelte sich zwischen den anderen Autos durch.

Können wir kurz anhalten?, fragte ich. *Kannst du ein bisschen langsamer fahren?*

Er stierte starr geradeaus, fragte: *Wer von uns beiden sitzt am Steuer?*

Irgendetwas hatte sich auf für mich unverständliche Weise verschoben.

Du, antwortete ich, und meine Stimme klang dünn.

Meine Eltern halfen mir, meinen neuen Schreibtisch und die neuen Bücherregale zu transportieren. Meine Mom war geradezu übereifrig, kontrollierte die Herdplatten, öffnete jede einzelne

Schranktür. Ich würde das erste Mal allein wohnen, und dank Robby war die Aussicht okay gewesen, mit ihm fühlte ich mich erwachsen. Jetzt war ich plötzlich ein zu einer Auszeit verdonnertes Kind, verwirrt und nicht sicher, wie lange meine Strafe andauern würde. *Ich weiß nicht, vielleicht muss ich erst mal nachdenken*, hatte Robby gesagt und mich ohne Abendessen zu Hause abgesetzt. Seit vier Tagen hatte ich nichts von ihm gehört.

Während mein Dad in der neuen Wohnung Jalousien installierte, schaute ich wieder und wieder auf mein Handy. Und dann fuhren meine Eltern nach Hause, und ich war allein mit einem Turm aus Umzugskartons in einer leeren Wohnung, und mein Handydisplay blieb dunkel.

Einmal war Lola verschwunden. Ich bemerkte, dass sie weg war, weil Sad Boy einsam auf und ab tigerte und sie suchte. An diesem Abend stellte ich ihr Abendessen auf die Veranda, und keiner von beiden kam. Später erschien keiner von beiden auf dem Dach, keiner schaute in die Sterne. Stattdessen entdeckte ich Sad Boy vorne im Hof, sichtlich verwirrt. Er war ein alter Kater – ein Tierarzt hatte ihn auf fünfzehn geschätzt –, hatte jede Minute seines langen Lebens auf der Straße verbracht und sah meist verwahrlost und ramponiert aus, so als wäre er selbst nicht ganz sicher, wie er es so lange geschafft hatte.

Sad Boy war ein schwerfälliges Tier, und in dieser Nacht wanderte er alleine durch den Hof, schnüffelte an allem. Er wusste nicht, wo Lola war, aber er wusste, dass etwas nicht stimmte. Ich blieb lange auf, suchte Hof und Garten ab, erkundigte mich bei den Nachbarn nach Lola. Ich war die Achterbahnfahrt aus Kummer und Angst gewohnt, die mit der Liebe für Streunerkatzen einherging. Es gab so viel, was schiefgehen konnte, so viel, das ich nicht in der Hand hatte. *Ihr geht's gut*, redete ich mir ein. *Sie kommt wieder.* Aber Sad Boy konnte ich davon nicht überzeugen. Er war allein aufs Dach geklettert und hielt Ausschau, drehte den Kopf in alle Richtungen wie eine Eule. Ich konnte ihm nicht klarmachen, dass auch ich sie suchte.

Als ich am nächsten Morgen aufwachte, war Tim auf dem Dach. Er stand auf der obersten Sprosse einer Leiter, ganz still, eine Hand am Ohr. Lolas Futter von gestern Abend war unangetastet. Sad Boy schweifte immer noch einsam umher. Tim sah ruhig zu mir herunter, sein Blick war ernst, und er sagte: *Da war ein Miauen.*

Die Sonne war noch nicht aufgegangen. Das Miauen, kaum hörbar, ein klägliches, leises Schreien, kam aus dem Hof unseres Nachbarn. Wir folgten ihm, rasselten mit Leckerli, öffneten Katzenfutterdosen, flehten Lola an, noch ein Geräusch zu machen. Ich entdeckte sie schließlich: ihr großer getigerter Körper steckte zwischen zwei Holzpaletten fest, sie war unverletzt, konnte sich aber nicht selbst befreien. Ich hob die obere Palette an, weit genug, damit sie rausschlüpfen konnte, und wünschte mir so verzweifelt, sie würde begreifen, dass ich ihr helfen wollte, dass ich alles für sie tun würde, dass ich sie liebte. Sie hatte panische Angst.

Lola quetschte sich durch die Lücke, während ich die Palette hochhielt, und rannte zurück zu Sad Boy. Seit Jahren versuche ich mir das Gefühl zu bewahren, das ich hatte, als ich sie an diesem Abend zusammen auf dem Dach sitzen sah, die pure Erleichterung, die beiden so fest aneinandergeschmiegt, als könnten sie kaum glauben, was fast passiert wäre.

Die Erleichterung, als Robby endlich wieder anrief: als hätte ich eine Prüfung bestanden und wäre jetzt wieder liebenswert.

Irgendwann in meinen Zwanzigern hatte ich einmal *Woher weiß man, dass man verliebt ist* gegoogelt. Ich las die Ergebnisse und schämte mich. Das Gefühl, sterben zu müssen, wenn jemand einem nicht zurückschreibt: Ist das Liebe? Schwankend, flehend, unsicher: Ist das Liebe? Bedeutet Liebe nicht extravagante Dates, Eisbecher, draußen bleiben bis zum Morgengrauen, zusammen am Telefon einschlafen? Robbys Auftauchen in meinem Leben war überwältigend gewesen, schon nach einer Woche hatte ich nicht mehr gewusst, wie ich ohne ihn sein sollte. Wie war das Leben vor ihm gewesen? Wie hatte ich meine Tage verbracht?

Sowohl Sad Boy als auch Lola waren Einzelgänger, was ihre Verbundenheit noch unglaublicher machte. Lola stieß einen schrillen Schrei aus, sobald andere Katzen sich ihr auf drei Meter näherten. Sie fauchte alles und jeden an. Sad Boy ließ Artgenossen zwar an sich heran, trat dann aber unruhig von einer Pfote auf die andere und sah sich nach Lola um. Die insgesamt dreißig Katzen waren nie alle versammelt. Eigentlich waren es achtundzwanzig plus Sad Boy und Lola, getrennt vom Rest auf ihrem Dach.

Katzen sind gesellige Tiere und verliebte Paare wie Sad Boy und Lola eigentlich nichts Ungewöhnliches. Als ich sie das erste Mal zusammen sah, dachte ich, wie süß, dass manche der Katzen sich anfreunden. Dass sie kleine Grüppchen bilden, Partnerschaften bilden. Aber auch Jahre später ist mir kein zweites Paar wie Sad Boy und Lola untergekommen, das so miteinander verbunden ist, so unfähig, ohneeinander zu funktionieren, und das jeden Morgen so süß auf meiner Veranda zu einem verschlafenen Bündel verschmolzen daliegt.

Lange Zeit bestand mein oberstes Ziel darin, nah genug an Sad Boy heranzukommen, um ein gutes Foto von ihm zu schießen, von seinem riesigen löwenhaften Gesicht, dem marshmallowfarbenen Körper. Aber jedes Mal, wenn ich die Kamera zückte, erschien Lola wie aus dem Nichts und schob sich mit dem ganzen Körper vor ihn. Jeden Abend zogen sie sich wieder auf ihr Dach zurück, saßen beieinander wie zwei Sphinxen, und bei Einbruch der Dunkelheit folgten ihre Augen den Bewegungen der Motten. Noch nie zuvor hatte ich mich gefragt, wie die Sterne für wilde Tiere aussehen. Ob Katzen Sonnenuntergänge schön finden.

Robby stellte gern Fragen zu meiner Vergangenheit, zu früheren Beziehungen. Es spielte keine Rolle, was ich antwortete, es war automatisch das Falsche. Ich versuchte zu antizipieren, was er hören wollte – *Ich habe sie nicht geliebt*, erklärte ich. *Sie waren nicht so gut wie du. Ich war noch nie fest mit jemandem zusammen, nicht so, nicht wie mit dir* –, aber es war egal. Die Antwort, die er hören wollte, war immer die, die ich nicht gegeben hatte. Ich ruderte zurück, korrigierte mich, spürte mit jedem meiner Worte die Spannung im Raum steigen, revidierte meine Geschichte, bis sie seinen Wünschen entsprach, schrieb mein Leben um, bis ich ein weißes Blatt Papier für ihn geworden war und die Spannung etwas nachließ, gerade genug, dass die Panik in meiner Kehle wich und wir zur Normalität zurückkehren konnten. Zurück auf dünnes Eis.

Alles konnte ihn aus der Fassung bringen. Wir saßen bei einem schönen Abendessen zusammen, ich lobte das Knoblauchbrot, und plötzlich ging es wieder los. *Bitte*, sagte ich dann, und es dauerte nach unserer Trennung noch zehn Jahre, bis ich begriff, dass mein Flehen das gewesen war, was er wollte. Meine

Tränen, mein Elend, meine absolute Abhängigkeit, dass ich in jedem Streit sofort einknickte, dass ich alles tat, um den Frieden zu wahren. Genau darauf war er aus.

Ich hätte alles gesagt, um es Robby recht zu machen. Ich sagte alles Mögliche, aber der Subtext blieb derselbe: *Verlass mich nicht, bitte verlass mich nicht, bitte lass mich nicht allein.*

Eine Weile nachdem ich die Geschichte von Sad Boy und Lola zum ersten Mal auf Instagram geteilt hatte, schickte mir eine Fremde einen Screenshot ihres Tinder-Profils:

Lauren, 22
Auf der Suche nach dem Sad Boy zu meiner Lola

An Halloween verkleideten sich Paare gemeinsam als Sad Boy und Lola. Eine junge Frau schickte mir ein Bild von ihr und ihrem Freund mit ineinander verschlungenen Plüschschwänzen. *Wir konnten uns die ganze Nacht nicht trennen*, schrieb sie, *weil unsere Schwänze zusammengenäht waren.*

Ich bekam eine E-Mail mit unbekanntem Absender, Betreff: *Hochzeitsgelübde.*

Mein Mann und ich haben letztes Wochenende in unseren Hochzeitsgelübden über Sad Boy und Lola gesprochen, hieß es in der Mail. *Ich dachte, es freut dich vielleicht zu hören, wie sehr uns ihre Liebe inspiriert hat.* Es gab einen Anhang mit Fotos, und als ich eins anklickte, war die Datei so riesig, dass zuerst mein ganzer Bildschirm vom Gesicht der Braut in Nahaufnahme ausgefüllt war. Ich musste scrollen, um den Mann zu sehen. Die beiden wirkten so glücklich und lachten, als fiele es ihnen schwer, in die Kamera zu schauen, weil sie eigentlich nur Augen füreinander hatten.

Eine Katze war es dann auch, die Robby und mich endgültig auseinanderbrachte. Es war unser Halbjahrestag, ein Sonntag gegen Ende des Semesters, und Robby wollte mich sehen.

Ich schaff's nicht, sagte ich ihm. Wir wohnten eine Stunde auseinander und fuhren hin und her, um uns zu sehen. Wobei meistens ich hin und her fuhr, weil er mein Apartment nicht leiden konnte. Ständig gestaltete ich es um, kaufte Möbel, die ich mir nicht leisten konnte, um meine Wohnung für ihn erwachsener wirken zu lassen.

Vielleicht Ende der Woche, sagte ich. Er war sauer und so kurz angebunden am Telefon, dass ich noch vor ein paar Wochen sofort angekrochen gekommen wäre, mich in Windeseile auf den Highway begeben hätte. Aber ich war langsam müde.

Stattdessen verbrachte ich den Tag mit einer Katze namens Bubbles, die ein neues Zuhause suchte.

An diesem Abend ging Robby nicht ans Telefon, schickte nur eine Reihe wütender Nachrichten.

Mir sagst du, du bist zu fertig, um dich mit mir zu treffen, aber für eine Katze hast du Zeit?, schrieb er, und etwas an seiner Formulierung ließ es klingen, als hätte ich eine Todsünde begangen.

Ich weiß nicht, was ich dazu jetzt sagen soll, antwortete ich, und so war es auch. Ich hatte nichts mehr zu geben. Ich schwenkte die weiße Fahne.

Ich machte mit Robby Schluss und nahm Bubbles zu mir.

Einige Zeit später, als ich meine Wohnung schon ein paar Wochen mit einem kleinen Wesen teilte, das sich zum Schlafen an mich kuschelte, schrieb Robby mir noch einmal. Fast hätte es funktioniert. Fast traf ich ihn wieder, fast ging ich noch einmal mit ihm in unser Lieblingsrestaurant, fast wurde ich rückfällig.

Aber von dieser Katze will ich nichts sehen, sagte er und fuhr fort, die Katze habe fast unsere Beziehung zerstört, und sie würde ihn immer daran erinnern, wie ich es fast versaut hätte, indem ich absichtlich unseren Halbjahrestag hatte sausen lassen. Seit Monaten tat Robby jetzt so, als wäre ich der Teufel höchstpersönlich, das Böse schlechthin, eine fluchbeladene Kreatur, die niemand außer ihm tolerieren konnte. Ich glaubte ihm. Wer sonst hätte mich lieben können? Was war Liebe, wenn nicht das?

Aber als er anfing, genauso über Bubbles zu reden, meine verwahrloste Streunerkatze, die sich vor allem fürchtete, wirkte das Ganze plötzlich lächerlich. Robby verfluchte Bubbles übers Telefon, und ich schaute ungläubig den Kater an und fragte mich, wie irgendjemand so einen Groll gegen ein halb verwildertes, flauschiges Tier mit zitternden Schnurrhaaren hegen konnte. *Er ist ein armes Würstchen*, dachte ich. Mit einem Mal sah ich, wie Robby mich behandelt hatte, wie absurd es gewesen war, dass ich mich für ein winziges Wesen unter seiner Fuchtel gehalten hatte. Dass er jemals Macht über mich besessen hatte.

Einmal kam ich Sad Boy beim Abstellen des Futternapfs zu nahe, und er bäumte sich auf und schlug heftig und mit ausgefahrenen Krallen nach mir.

Auf Instagram kommentierte jemand: *Stell dir vor, du machst deinem Freund Abendessen, und er haut dir eine runter. Das wäre Missbrauch.*

Na ja, antwortete ich genervt. *Eine Straßenkatze ist kein Mann. Hoffe, das hilft.*

Ich dachte noch lange über dieses Wort nach: *Missbrauch.* Von meinem Fenster aus beobachtete ich Sad Boy und Lola, wie er sie sanft mit der Pfote anstupste und sie sich zu ihm umdrehte, wie süß sie die Nasen aneinanderstupsten. Wie zärtlich sie miteinander waren.

Nach der Trennung brauchte ich Jahre, um zu erkennen, wie schlecht Robby mich behandelt hatte. Und noch einmal Jahre, um aus dieser Erkenntnis zu lernen.

Die kurzfristige Lektion, die ich für die Monate und Jahre meiner frühen Zwanziger nach Robby mitnahm, war die, dass es meine Schuld war, wenn eine Beziehung scheiterte. Wenn eine Beziehung scheiterte, dann weil ich etwas Falsches gesagt hatte, jemandes Ton falsch interpretiert, irgendeine Aufgabe nicht so perfekt erfüllt hatte, wie eine Freundin es tun sollte. Ich lernte, dass Beziehungen dunkel und komplex sind und dass meine Rolle darin bestand, die Wut eines Mannes vorauszusehen und zu entschärfen, dass Liebe Betteln und Härte bedeutete. Dass ich irgendwie jeder Beziehung unwürdig war und verzweifelt darum kämpfen musste, gut genug zu sein. Sie diesmal zu behalten. Sie zu verdienen.

Seit Jahren schaue ich jetzt jeden Abend aus dem Fenster in die Dunkelheit und sehe Sad Boy und Lola gemeinsam unter den Lichtern herumstreifen, die ich im ganzen Garten aufgehängt habe. Ich fühle mich dumm, wenn ich sage, dass ich alles, was ich über die Liebe weiß, von einem Paar halbwilder Katzen gelernt habe. Ich hätte es natürlich früher lernen sollen, und zwar von Menschen, aus meinen eigenen Beziehungen. Ich hätte mein Wissen über romantische Liebe von meinen Eltern mitbekommen sollen oder von den Hochzeiten befreundeter Paare oder den Männern, die versucht haben, mich zu lieben. Von den Männern, die gemein zu mir waren, von den Männern, die ich betrogen habe, von den Männern, die ich angeblich geliebt habe, aber eigentlich nicht, nicht richtig.

Ich hätte in der Therapie etwas über Liebe lernen sollen, in all den Sitzungen, in denen ich versucht habe, mich selbst zu sezieren, herauszufinden, was ich verdiente und warum ich es nicht finden konnte. Ich weiß, dass das, was zwei Straßenkatzen teilen, nicht dasselbe ist wie eine Liebesbeziehung zwischen Menschen. Ich weiß, dass Sad Boy und Lola sich nie über Rechnungen oder schmutziges Geschirr zanken müssen. Sie müssen einander nicht in ihrer Karriere unterstützen oder die Familien des anderen kennenlernen oder über Werte diskutieren oder darüber, wo sie sich in fünf Jahren sehen. Sie sehen sich genau dort, auf meinem Dach, immer noch zusammen, sich immer noch gegenseitig die kleinen Köpfe leckend.

Das ist der neue Standard, Jungs, kommentierte jemand auf Instagram ein Video, auf dem Sad Boy Lola beim Fressen zusieht. *Du lässt dein Mädchen zuerst essen. Du beschützt sie mit deinem Leben.*

Ein weiterer Kommentar lautete: *Ganz ehrlich, das ist mein neuer Maßstab. Weniger als so eine Liebe akzeptiere ich nicht.*

Noch jemand schrieb: *Wenn meine Beziehung nicht ist wie die von Sad Boy und Lola, will ich sie nicht.*

Ich hoffe, ich bin nicht die Einzige, die noch etwas dazulernt.

Ich war mit Tim zusammen, als wir in das Haus zogen, als wir die Katzen fanden, Sad Boy und Lola entdeckten. Ich bin immer noch mit ihm zusammen. Manchmal fühle ich mich richtiggehend verkümmert, so kindlich ist meine Vorstellung davon, wie eine Beziehung aussehen sollte. Manchmal stelle ich ganz erstaunt fest, dass Liebe etwas ist, das sich gemeinsam lernen lässt.

Manchmal ist es fast langweilig, die Alltäglichkeit eines gemeinsamen Lebens ohne die tagelange Funkstille, das Flehen, die in Angst eskalierenden Streitereien. Der Kitzel der Erleichterung danach. Ich fühle mich so ausgewogen, wenn ich neben einem Mann auf dem Sofa sitze, vor dem ich mich nicht fürchte. Ich fühlte mich durch die ständige Anwesenheit von Liebe auf zellulärer Ebene verändert, als wäre der ganze chaotische und brodelnde Anteil in mir zur Ruhe gekommen.

Ich wurde zweiunddreißig, während ich mit Tim zusammen war und mit Sad Boy und Lola, und ich musste daran denken, dass ich immer noch jünger war als die Männer, die mich vor zehn Jahren gedatet hatten. Ich dachte an all die Dinge, die ich fälschlicherweise für Liebe gehalten hatte.

Einmal saßen wir gemeinsam auf unserem Dach, an der höchsten Stelle. Tim hatte eine Leiter an die Dachrinne gelehnt, um eine undichte Stelle zu begutachten, und rief mich, als die Sonne unterging. *Babe*, sagte er. *Komm hoch zu mir.*

Ich dachte, er wolle mir nur das Loch zeigen, und kämpfte mich mühsam die Sprossen hinauf. Tim versuchte immer, mir zu zeigen, wie alles funktionierte – wie man bei meinem Auto das Öl wechselte, wie man den Boiler hinter dem Badezimmer überprüfte –, und meistens hatte ich nicht viel dafür übrig, spielte aber seinetwegen mit.

Er erklärte mir alles mit größtem Eifer, zeigte auf einzelne Teile von Geräten und erläuterte mir ihre genaue Funktionsweise, und ich tat so, als hätte ich Interesse, nickte, als würde ich verstehen. *Danke fürs Zuhören*, sagte er danach, mit einem kleinen Lächeln, als wüsste er, dass ich die ganze Zeit an etwas anderes gedacht hatte, und ich war jedes Mal überrascht, dass er es bemerkte. Dass er sich bei mir bedankte.

Von ganz oben auf der Leiter sah ich Tim auf dem Dachfirst thronen und lächeln. *Komm hoch*, sagte er, und ich kroch auf allen vieren zu ihm, nervös wegen der Höhe. Ich setzte mich neben ihn und wartete darauf, dass er mir etwas zeigen würde. Manchmal wartete ich insgeheim immer noch auf das dicke Ende, war mir nicht sicher, ob er vielleicht sauer auf mich war, ob er mir eine Falle stellte. *Was?*, fragte ich.

Man hat hier einfach so eine schöne Aussicht, sagte er. *Die wollte ich dir nur zeigen.*

Mir entging nicht, wie wir nebeneinander auf dem Dach saßen. Seit Jahren beobachteten wir jetzt Sad Boy und Lola hier oben. Ihre Zärtlichkeit miteinander. Ihre gemeinsamen Sonnenuntergänge. Wir blieben auf dem Dach sitzen, bis die Sonne ganz untergegangen war, bis uns in der Dunkelheit kalt wurde, dann stiegen wir hinunter, und ich setzte meine Füße genau dort auf die Leiter, wo gerade noch seine gewesen waren.

Manchmal war es, als wäre die Zärtlichkeit der Katzen in mich eingesickert. Manchmal war es, als verdiente ich sie.

Bubbles

Es hätte mich nicht überraschen sollen, dass sich auch andere Menschen um Katzen kümmerten. Es hätte mich auch nicht überraschen sollen, wie viele Katzen es gab, die so waren wie meine. All die halb zutraulichen, halb verwilderten Katzen, die sich überall in den Straßen von Tucson vermehrten und eigentlich genau dieselbe Fürsorge benötigten wie Hauskatzen, aber niemanden hatten, der sie für sie aufbrachte. Nach einem Jahr im Poets Square, einem Jahr, das ich allein mit der Million Augen um mich herum im Dunkeln in der Auffahrt gesessen hatte, passierte etwas. Ich merkte, dass es Leute gab, die dasselbe taten.

Ich lebte schon viele Jahre in Tucson und hatte bis zu unserem Umzug in den Poets Square nicht viele Streuner gesehen, aber nachdem ich mich nur ein paar Monate um die Katzen in unserem Hof gekümmert hatte, wurde mir klar, wie gut sie sich versteckten, wie genau man hinschauen musste. Ich lernte die Spuren zu lesen: das katzengroße Loch im Zaun, die Erdhäufchen, die Katzen beim Pinkeln aufscharrten, der einsame Plastiknapf in einer Auffahrt. Die leuchtenden Augen in der Nacht.

Kolonien verwilderter Katzen aufzuspüren wurde zu meiner neuen Fähigkeit, und ich lernte schnell, wo ich fündig wurde: auf den Müllplätzen hinter Tankstellen, in den Gassen zwischen

Wohnblöcken, in der Nähe von Häusern wie meinem. Manchmal konnte ich auch ihre Menschen ausmachen: die Frauen, die verstohlen hinter Müllcontainer schlüpften, um einen Wassernapf zu platzieren; Fallenstellerinnen, die die Katzen unauffällig vom Auto aus beobachteten.

Ich hatte mich in meinem Versuch, die Katzen um unser Haus zu retten, weitgehend allein gefühlt. Niemand streifte mit mir durch den Hinterhof oder spähte auf der Suche nach Kätzchen über den Zaun zum Nachbargrundstück. Es war ein eher nischiges Hobby, in der Dunkelheit herumzulungern, verwilderte Katzen zu beobachten und zu überlegen, wie man sie am besten einfing. Selbst die Katzenfans in meinem Freundeskreis liebten vor allem die, die nett zu ihnen waren, die, die als sanfte Haustiere taugten. Eine Stunde lang mein Dach im Auge zu behalten, um womöglich einen flüchtigen Blick auf eine Katze zu erhaschen, die dann fauchend wegrannte, war weniger nach ihrem Geschmack.

Aber Frauen hinter Müllcontainern, Leute, die in ihren Autos warteten – von denen gab es viele. Sie hielten Treffen ab. Betrieben Chatgruppen. Sie hatten eine Stadtkarte über alle Orte mit Streunern. Sie hatten Lieferwagen voller Fallen, mit denen sie einem helfen konnten. All diese Menschen kennenzulernen, die auch nachts mit Katzen in ihrer Auffahrt saßen, fühlte sich an, als hätte ich jahrelang die Luft angehalten und dürfte jetzt endlich durchatmen. Ich musste das nicht allein machen.

Zehn Jahre bevor ich die Katzen in unserer Auffahrt fand, bevor ich Tim kennenlernte, bevor ich überhaupt nach Tucson zog, wohnte ich das allererste Mal allein. Das war im Herbst 2012.

Ich kam gerade frisch vom College. Es war das erste Mal in meiner eigenen Wohnung, das erste Mal ohne Eltern, das erste Jahr an der Graduiertenschule, für ein Programm, in das ich all meine Hoffnung setzte. Das erste Mal in meinem Leben wohnte ich ohne Haustier, ohne flauschige Gesellschaft, auf die ich ständig zählen konnte. Ich war zweiundzwanzig.

Das Herbstsemester verbrachte ich damit, abwechselnd mein neues Leben zu romantisieren – meine eigene Wohnung in einer pittoresken neuenglischen Universitätsstadt, meine Seminare in einem alten Backsteingebäude – und zu verzweifeln, mich überwältigt und verlassen zu fühlen. Ich datete Robby, aber irgendwie machte mich das nur einsamer. Die meiste Zeit sorgte er dafür, dass ich mich noch schlechter fühlte, oder redete gar nicht mit mir.

Die ganze Zeit wünschte ich mir eine Katze. Das schien die Antwort auf alles zu sein: Ich war allein, überfordert und isoliert, und jeden Abend packte mich ein hartnäckiges Frösteln, selbst unter einem Berg Decken konnte ich nicht aufhören zu zittern. Alles, dachte ich, wäre besser, wenn sich ein warmes Wesen an mich schmiegen würde.

Ich sehnte mich so verzweifelt nach einer Katze, dass ich hin und wieder zu PetSmart fuhr, nur um mir Katzenspielzeug, Katzenbetten und Fressnäpfe anzuschauen. Leisten konnte ich mir nichts davon. Manchmal notierte ich die Preise zusammen mit den Kosten für Katzenfutter, Katzenstreu und Tierarztrechnungen und glich die Liste mit meinem monatlichen Budget ab, das ich sonst lieber ignorierte, weil mein Stipendium mit Lehrauftrag kaum für die Miete reichte.

Bei einem dieser Ausflüge zu PetSmart an einem Freitagabend im Januar, als ich mein erstes Semester überstanden hatte, aber nicht sicher war, ob ich auch das nächste überleben würde, entdeckte ich einen Tieradoptionsaushang. *BUBBLES*, stand da über dem körnigen Graustufenbild einer schwarzen Katze. Bubbles war halb verwildert in der Nähe eines Waldes ein paar Städte weiter gefunden worden. Maureen, die Frau, die ihn gerettet hatte, suchte so verzweifelt den richtigen Platz für ihn, dass sie anbot, für Futter und Tierarztbesuche aufzukommen. Er wog acht Kilo. *Bubbles hat nur eine Macke*, stand in der Anzeige. *Er beißt gerne.*

Als ich an der Graduiertenschule anfing, hatte ich ein genaues Bild im Kopf. Auf dem College hatte ich geglänzt, ich liebte alles, was mit Lesen, Denken und Lernen zu tun hatte, aber in meinem letzten Semester hatte ich das Gefühl gehabt zu ersticken. Ich wohnte noch bei meinen Eltern, in meiner kleinen Heimatstadt in Massachusetts und verbrachte meine Zeit mit Freunden, die mich aufzogen, wenn ich abends lieber lernte, als mich mit Leuten zu treffen. In meinem Kopf hatte ich die Graduiertenschule zu einer Art Utopie verklärt: anspruchsvolle Seminare, die Möglichkeit, selbst zu unterrichten, eine Gruppe von Gleichgesinnten. Meine Vorstellung der kommenden Jahre drehte sich vor allem um die Menschen, die ich kennenlernen würde: die engen Vertrauten, mit denen ich in der Bibliothek sitzen würde, die Schreibgruppen, in denen wir uns um Esstische versammeln würden, die Manuskripte, die wir austauschen, die Lyriklesungen, die wir besuchen würden, Freundschaften fürs Leben, in unmittelbarer Nähe, im selben Programm. Das alles erwartete mich.

Aber als das Semester begann, fühlte ich mich in meinen Seminaren komplett unvorbereitet. Alles, was ich zu wissen geglaubt hatte, wurde augenblicklich vom unglaublichen Intellekt aller anderen in den Schatten gestellt, und das heiß ersehnte eigene Apartment besaß, wie sich herausstellte, eine kaum funktionstüchtige Toilette und einen Herd, der nach verbrannten Haaren roch. Die größte Abweichung von dem Bild, das ich in meiner Fantasie konstruiert hatte, betraf die Freundschaften, die ich hatte schließen, und die Gemeinschaft, die ich hatte finden wollen. Die anderen Studierenden waren genau so, wie ich sie mir vorgestellt hatte: cool, hyperintelligent, faszinierend in ihrem Wissen und ihrer Konversationsfähigkeit. Und ich hatte das Gefühl, keinen Anschluss zu ihnen zu finden.

Ich hatte noch nie leicht neue Freunde gefunden, aber irgendwie hatte mich der Gedanke an den Neuanfang davon überzeugt, dass es diesmal anders werden würde. Wir waren ja alle neu: an der Uni, in der Stadt, im Lehrbetrieb. Bestimmt lag meine lebenslange Mühe, mit Menschen Kontakt aufzunehmen, an meiner Heimatstadt, und der Fehler bei den anderen. Bestimmt würde ich mich meinen neuen Kommilitonen in einem konkurrenzbetonten Graduiertenkolleg für Kreatives Schreiben und Literatur sofort verbunden fühlen.

Was für eine unmittelbare Verbindung ich auch genau erwartet hatte, sie stellte sich nicht ein. Alle anderen schienen einander schon zu kennen oder wohnten zusammen, nachdem sie sich über einen ominösen WG-Verteiler vernetzt hatten. Schon am ersten Tag nach unserer Einführung bildeten sich Paare zwischen den Lyrikern und den Belletristik-Autorinnen. Alle waren älter als ich und erzählten von den Jahren, die sie im Ausland unterrichtet hatten, den Büchern, die sie schon publiziert hatten, und der Forschung, auf die sie sich freuten. Ich war die jüngste Teilnehmerin und hatte noch nichts in meinem Leben geschafft. Nicht einmal Alkohol trank ich, und mit jeder Partyeinladung, die ich annahm, fühlte ich mich noch unbeholfener und uncooler, als wäre ich nur die kleine Schwester von irgendjemandem.

Ich lernte Bubbles bei Maureen kennen, tief in den Wäldern von Massachusetts. Sie hielt ihn in einem eigenen Zimmer, getrennt von ihren Hunden, mit denen er sich wiederholt angelegt hatte. Manchmal sperrte sie die Hunde ins Schlafzimmer und ließ Bubbles durchs Haus streifen, wo er ihr hinterherlief und auf sich aufmerksam machte, indem er an ihren Knöcheln knabberte. *Er muss noch lernen, Liebe anzunehmen*, erklärte Maureen.

Als ich Bubbles zum ersten Mal sah, fläzte er auf einem Kratzbaum am Fenster seines Zimmers, und als er uns reinkommen hörte, miaute er, stand auf, streckte sich und sonnte sich in der Aufmerksamkeit, schnurrte, als ich ihn hinter den Ohren kraulte. Er war schwarz, aber die Intensität seiner Farben verblüffte mich: das Grau unter seinen Achseln, das Rotbraun der Streifen auf seinem Rücken. Er war unheimlich flauschig und die größte Katze, die ich je gesehen hatte. Ich adoptierte ihn auf der Stelle.

Am nächsten Tag lieferte Maureen ihn in einer Transportbox für mittelgroße Hunde in mein Apartment. Sie brachte mir ein extragroßes Katzenklo, sein geliebtes Spielzeug mit Katzenminze und auch seinen Kratzbaum mit, den ich neben meinem Schlafzimmerfenster aufstellte. Eigentlich hatte ich vorgehabt, Bubbles umzubenennen. Es war ein doofer Name für einen Kater, vor allem für einen so wilden und riesigen. Ich wollte ihn erst ein bisschen kennenlernen, bevor ich mich für einen neuen Namen entschied, aber dann lernte ich ihn als Bubbles kennen, und dabei blieb es. *Bubbly Wubbly*, nannte ich ihn. *Bubblito. Mr. Bub.*

In der ersten Nacht war Bubbles nervös und versteckte sich in meinem Waschbecken. Ich saß im Flur, konnte seine leuchtenden Augen durch die Tür sehen und versuchte, all meine Zärtlichkeit, Ruhe und Liebe auf ihn zu projizieren. Allein durch seine Anwesenheit fühlte ich mich leicht wie seit Monaten nicht mehr, alle Nervosität über Uni, Freundschaften und Zukunft wich plötzlich der Fürsorge für diesen gigantischen Kater, dem ich eine Spur seiner Lieblingsleckerli vom Waschbecken bis zu der Decke legte, die auf dem Sofa auf ihn wartete. Er war eine gewaltige Präsenz in meinem stillen Apartment. Ein zweites schlagendes Herz.

In diesem ersten Semester zwang ich mich, an gesellschaftlichen Ereignissen teilzunehmen, auch wenn ich keinen dort kannte, mich in Busfahrpläne zu vertiefen, bis ich wusste, wie ich zu Lesungen und Partys kam, oder zu Bars, von denen ich noch nie gehört hatte. Ich verstand mich gut mit den Leuten im Programm, aber richtig klick gemacht hatte es mit niemandem. Alle anderen schienen ihre Seelenverwandten zu finden, luden gemeinsam zu großen Abendessen, launchten neue Magazine. Ich fühlte mich ständig, als hinkte ich einen Schritt hinterher.

Zur Mitte des Semesters gab es eine Lyriklesung eine halbe Stunde von mir entfernt. Alle, die ich kannte, gingen hin, aber irgendwie war es trotzdem, als ginge niemand hin, den ich kannte. Als gingen sie alle gemeinsam und niemand mit mir. Die Veranstaltung war öffentlich, und trotzdem fühlte ich mich nicht eingeladen. Ich ging dennoch hin. Zwang mich dazu. Theoretisch musste ich nichts tun, als in einem zur Buchhandlung umfunktionierten alten Lagerhaus aufzutauchen, auf einem niedrigen Klappstuhl Platz zu nehmen und Menschen dabei zuzuhören, wie sie Gedichte vortrugen.

Stattdessen erlebte ich meine erste dissoziative Episode. Ich schaute meine Hände an, und plötzlich konnte ich nicht mehr sagen, ob es wirklich meine eigenen Hände waren, was Hände überhaupt waren, wo ich mich befand. Ich wusste nicht mehr, ob ich eine Person war. Alle trugen Outfits, die ich nicht begriff. Die Lyrik überstieg mein Fassungsvermögen, aber ich fühlte mich nicht inspiriert, sondern dumm und noch deplatzierter als sonst, und ich war sicher, dass alle anderen mir ansahen, dass ich gerade in Panik ausbrach.

Ich erkannte die Wörter nicht einmal als Englisch. Ich beobachtete mich selbst von außerhalb meines Körpers, schwebte irgendwo an der Decke. Damals wusste ich nichts über Panikattacken oder davon, wie ich mich selbst erden könnte, also konzentrierte ich mich erst auf meine hässlichen Fingernägel, dann auf die kalte Zugluft, die aus der Dunkelheit draußen hereindrang, und plötzlich erschien mir alles um mich herum unheilvoll und todbringend.

Zum Teil war es einfach das Imposter-Syndrom. Ich fühlte mich als Hochstaplerin, akademisch, als Schriftstellerin, aber auch als Person. Ich durchschaute nicht einmal die grundlegendsten Aspekte zwischenmenschlicher Interaktion. Im Teenie-Alter hatte man eine Depression und eine Angststörung bei mir diagnostiziert, aber die medizinischen Fachausdrücke schienen nicht zu erfassen, was ich fühlte: das Gedankenkarussell, die Isolation, die tiefe Angst, dass ich jederzeit den Verstand verlieren könnte. Dass etwas an mir in grundsätzlichem Widerspruch zur Welt stand, dass es keine Zukunft für mich gab. Im Unterricht verhielt ich mich möglichst still. Danach lief ich allein nach Hause, die kalte Herbstluft brachte meine Augen zum Tränen, und in meiner Wohnung angekommen, konnte ich nicht einmal sagen, ob ich weinte.

Ich hatte mir eine Katze als Gegengewicht zu meiner Isolation vorgestellt, als Heilmittel gegen die Einsamkeit. Manchmal funktionierte das auch. Ich konnte ganze Tage im Bett verbringen, Bubbles zusehen, wie er Vögel vor dem Fenster beobachtete, und die Wärme seines Körpers an meinem spüren. Ich konnte von überall in der Wohnung nach ihm rufen, und er kam sofort mit einem schweren Plumpsen von seinem jeweiligen Schlafplatz gehüpft und auf mich zugelaufen.

Aber ganz wurde Bubbles seine Wildheit nie los. Manchmal schüttelte er mitten im Schmusen und Schnurren plötzlich den Kopf, seine Augen weiteten sich, und dann fing er an zu heulen und zu beißen, versenkte die Zähne in meinem Unterarm. Dieses Verhalten folgte keinem Muster, hatte keinen sichtbaren Auslöser. Es war, als hätte er Flashbacks von seiner halbwilden Vergangenheit, seinen Tagen in den Wäldern. Manchmal stellte er mir durch das ganze Apartment nach, jaulend und mit funkelnden Augen, und nicht nur einmal drängte er mich in eine Ecke, während ich ihn leise anflehte aufzuhören. *Bub*, sagte ich sanft und bemüht ruhig. *Alles ist gut, Bub. Ich bin's doch nur. Bitte nicht angreifen. Bub.* An meinen Knöcheln häuften sich die Narben von all den Malen, die er sich schon auf mich gestürzt hatte.

Wenn meine Mom mich besuchte, steckte sie sich die Hosenbeine in die Socken, damit Bubbles ihr nicht in die Knöchel beißen konnte, aber wenn mein Dad kam, begrüßte er Bubbles noch vor mir, setzte sich auf den Boden und wartete auf ihn. Manchmal blieb Dad bei Bub, wenn ich zu Konferenzen musste. Er war ein sanfter Mann mit einer Schwäche für schwarze Katzen, Underdogs, die missverstandenen Tiere der Welt. Wenn er Bub hütete, schickte er tägliche Updates, Selfies aus komischen Perspektiven, sein Gesicht neben Bubs und darunter ein kurzer Text. *Zwei Quatschköpfe!*, hieß es in einer Nachricht. Bubbles, sein riesiges Gesicht, die Augen wohlig zusammengekniffen.

Wenn er nicht gerade zubiss, war Bubbles ein herzensguter, riesiger Kater. Er machte es sich auf meiner Brust gemütlich, wenn ich im Bett lag, und ich genoss es, tief durchzuatmen und zu beobachten, wie er sich auf mir hob und senkte. Er sehnte sich auf eine Weise nach Zuneigung, die ich nachvollziehen konnte. Wenn ich länger als eine Stunde die Wohnung verließ, wartete er bei meiner Rückkehr schon an der Tür auf mich und tänzelte mit erhobenem Schwanz um meine Füße herum, als könnte er nicht glauben, dass ich wirklich wiedergekommen war.

Manchmal hatte ich das Gefühl, als wären wir nicht genug füreinander, Bubbles und ich, er mit seinen endlosen Forderungen nach Aufmerksamkeit und ich mit meiner alles durchdringenden Einsamkeit. Ich war erschüttert, dass ich mich auch mit einer schnurrenden Katze an meiner Seite allein fühlen konnte, dass aus irgendeinem Grund ein Tier kein adäquater Ersatz für eine fürsorgliche menschliche Gemeinschaft war.

Ich dachte noch Jahre darüber nach, etwa als die soziale Abschottung durch die Quarantänemaßnahmen während der Pandemie viele Menschen dazu brachte, sich das erste Mal ein Tier anzuschaffen. Oder noch später, als ich Leuten mit den Katzen half, die sie versehentlich angehäuft hatten, all die Tiere in ihren Wohnungen, um nicht allein zu sein. Wieder und wieder wurde mir klar, wie extrem einsam die Menschen waren, die dazu neigten, Tiere zu horten, komplett isoliert, häufig nachdem sie geliebte Menschen verloren hatten.

Meine Isolation und meine Depression waren Zwillingskräfte, die sich gegenseitig verstärkten. Ich bin davon überzeugt, dass Bubbles mir das Leben gerettet hat. In meinen kritischsten Momenten rief ich mir in Erinnerung, dass ich für Bubbles am Leben bleiben musste, dass niemand außer mir mit seiner wilden Liebe umgehen konnte. Er war das Lebendige, das ich dringend brauchte, ein Wesen, das mich an der Wohnungstür begrüßte. Aber er bewahrte mich nicht davor, bis spätnachts zu schluchzen, mir tiefe, sehnsuchtsvolle Gespräche mit anderen Menschen zu wünschen. Bubbles schnarchte neben mir im Schlaf. Und ich wünschte mir so sehr, er könnte alles sein, was ich brauchte.

In meinem ersten Jahr an der Graduiertenschule galt meine größte Unsicherheit wohl den Seminaren, meinem Intellekt, meiner Unfähigkeit, in dem anspruchsvollen Kursprogramm mitzuhalten. Vielleicht war auch meine Arbeitsmoral das Problem. Zumindest schienen alle anderen jede freie Minute dicke Bücher über Literaturtheorie zu wälzen, während ich mir eine Folge *30 Rock* nach der anderen reinzog, die Charaktere mit ihren beruhigenden, vertrauten Stimmen immer im Hinterkopf hielt, um meine Nervosität zum Schweigen zu bringen. Wie machten die anderen das nur? Woher kannten sie den akademischen Jargon, all diese Wörter, die ich noch nie gehört hatte? Ich führte eine Liste mit neuen Begriffen, die ich in den Seminaren hörte und zu Hause googelte, deren Bedeutung ich aber trotzdem nicht verstand.

Ich wusste, dass man einzigartig sein musste, um in der akademischen Welt Erfolg zu haben, und das entpuppte sich als einsame Angelegenheit. Nur eine von uns konnte die begehrte Assistenzstelle bekommen, die ein Semester lang die Rechnungen bezahlte. Nur eine von uns konnte den jährlichen Preis für gute Lehre gewinnen. Nur eine von uns würde ganz am Ende die Tenure-Track-Position ergattern, und das ist keine Übertreibung: Es existierte nur eine solche Stelle für etwa dreihundert neue Promovierende. Es war eine simple kapitalistische Wahrheit, ein offenes Geheimnis, dass die meisten von uns scheitern mussten. All die Broschüren, die ich auf der Suche nach dem richtigen Programm durchgeblättert hatte, warben mit Schreibwerkstätten und akademischen Mentoraten, mit Hochglanzfotos von divers besetzten Studierendengrüppchen, mit ihren Brillen und ihren Laptops, versammelt in wunderschönen Backsteingewölben. In Wirklichkeit stand jedes Gemeinschaftsgefühl im Widerspruch zur Realität. Alles lief auf eine einzige Person hinaus.

Ich glaubte an Individualismus, und zwar felsenfest. Immer alles allein machen, nie um Hilfe bitten. War ich nicht hier, in diesem Promotionsprogramm, weil ich so viele andere Leute ausgebootet hatte? War ich nicht meiner Heimatstadt entkommen, weil ich die Beste gewesen war? Irgendwann, da war ich mir sicher, würde ich auf die Jahre meines einsamen Leidens zurückblicken und wissen, dass sie mich ganz an die Spitze gebracht hatten. Daran glaubte ich.

Meine viel tieferliegende Unsicherheit, über die ich lieber nicht nachdenken wollte und die sich stattdessen spätnachts in wimmerndem Schluchzen Bahn brach, bestand darin, dass ich niemanden hatte, den ich im Notfall anrufen konnte. Gegen Ende des ersten Semesters schienen alle so intensive Freundschaften geknüpft zu haben, dass sie füreinander sterben würden. Wir verdienten alle einen Hungerlohn, aber meine Kommilitoninnen lebten irgendwie eine romantisierte Version von Armut, bei der jemandem das Auto kaputtging und sich das Ganze in eine lustige Anekdote darüber verwandelte, wie die ganze WG sich durch den Schnee kämpfte, um ihn zu retten. Sie waren zwar alle pleite, kamen aber gerade so über die Runden, teilten sich sonntags ihr Abendessen, ernährten sich von gemeinschaftlichen Hülsenfrüchten. Eine Kommilitonin musste sich einer Not-OP unterziehen, und alle scharten sich um sie, brachten ihr Blumen und lieferten ihr Mahlzeiten nach Hause, und ich konnte die bohrende Stimme in meinem Kopf nicht zum Schweigen bringen, die mir sagte: *Für dich würde das niemand tun.*

Mein Leben fühlte sich an wie eine Aneinanderreihung von Ausnahmesituationen, und ich stand sie alle allein durch. Es waren vor allem Kleinigkeiten: Ich hatte eine Autopanne, die Wasserleitungen streikten, ich sperrte mich aus meiner Wohnung aus. Blöde Geschichten, bei denen man normalerweise kurz eine Vertrauensperson anruft, die dann zur Rettung eilt. Aber ich stand immer nur da und scrollte durch meine Kontakte. Und jedes Mal beschlich mich ein Gefühl von Scham, der beunruhigende Verdacht, dass ich vielleicht niemanden hatte. Dass ich so ein Mensch war, der niemals jemanden haben würde.

Dafür hatte ich Bubbles. Ich stürzte mich in die Fürsorge für ihn, gestaltete sein Leben so perfekt, wie ich konnte. Er schlief auf meinem Schreibtisch, wenn ich lernte oder las, über die ganze Tastatur ausgestreckt. Jeden Samstag korrigierte ich Essays meiner Studierenden, und Bubbles half mir, indem er auf der Spitze meines Stiftes kaute, während ich Kommentare an den Blattrand schrieb. Er hatte Angst vor Regen, und wenn sich Wolken zusammenbrauten, versteckte er sich in der Badewanne, und ich kletterte hinterher. *Ist schon gut*, beruhigte ich ihn und spielte mit meinem Handy Musik ab, die von den Badezimmerfliesen widerhallte und das Prasseln des Regens übertönte. Ich deckte Bubbles zu und kraulte den bartartigen Flaum unter seinem Kinn. Ohne es richtig in Worte fassen zu können, sehnte ich mich danach, dass sich jemand so um mich kümmerte. Dass ich mich jemandem mit meiner Angst anvertrauen könnte, der sich zu mir setzte und leise und beruhigend auf mich einredete.

Schon gut, sagte ich zu Bub. *Ich bin ja bei dir.*

Einmal hat Bubbles einen Polizisten gebissen. Das wurde die Geschichte, die ich noch jahrelang über ihn erzählte. Ich hatte langsam durchschaut, wie er tickte, hatte begriffen, dass ich ihm in dem Moment Aufmerksamkeit schenken musste, in dem ich zur Tür hereinkam, sonst wurde er bissig, als bräuchte er in regelmäßigen Abständen eine Erinnerung daran, dass er eine geliebte Hauskatze war, um nicht wieder in einen verwilderten Zustand zurückzufallen. Meistens bekam ich das gut hin, legte jede halbe Stunde meine Bücher beiseite und gab ihm einen sanften Kuss auf den Riesenschädel. Wenn ich nach Hause kam, ließ ich sofort meine Taschen fallen und legte mich auf den Boden, direkt hinter der Tür, spürte den kratzigen Studentenwohnungs-Teppich im Nacken. Das liebte Bubbles. Er schnupperte an meinen Schuhen und arbeitete sich dann meinen Körper hoch, schnurrte, vergrub das Gesicht in meinen Achseln, hieß mich zu Hause willkommen. *Ja*, schien er zu sagen. *Ich bin voller Liebe. Ich bin kein wildes Tier.*

Eines Abends, ich hatte in einem Café versucht, an einem Paper zu arbeiten, verfolgte mich ein Mann auf dem Heimweg. Er hatte mich im Café entdeckt, mich aufbrechen sehen, beobachtet, in welchen Bus ich stieg. Er lief zu seinem Auto, ein rotes Coupé, das weiß ich noch genau, folgte dem Bus, wurde an jeder Haltestelle langsamer und schaute, ob ich eine der Gestalten war, die im Dunkeln ausstiegen. Er behielt mich im Auge, wie ich von der Bushaltestelle zu meiner Wohnung lief, und als ich gerade nach meinem Schlüssel kramte, fuhr er vor und sagte: *Hallo! Ich hab dich beobachtet.*

Ich rief die Polizei. Saß panisch in der Wohnung, nicht sicher, ob das rote Auto immer noch da draußen stand, ob der Mann im Wagen saß oder irgendwo im Schatten vor meiner Tür lauerte. Ich hatte Angst, und all meine Angstmomente wurden von der Scham begleitet, niemanden zu haben, den ich anrufen konnte. Bubbles strich mir zur Begrüßung zwischen den Füßen herum. Ich war abgelenkt. Ich hatte der Frau vom Notruf keine Beschreibung des Mannes liefern können; als ich versucht hatte, ihn mir ins Gedächtnis zu rufen, war da nur blanke Panik in meinem Kopf gewesen, und sie hatte mich dafür kritisiert. *Warum haben Sie nicht früher angerufen?*, fragte sie, dabei war ich doch erst fünf Minuten zu Hause.

Zehn Minuten später durchsuchte ein Polizist meinen kleinen Hof, überprüfte, ob die Fenster verschlossen waren. *Viel mehr können wir leider nicht tun*, sagte er. Er war eine einschüchternde Erscheinung, wie er da in meinem Wohnzimmer stand. Bubbles kam zu uns, seine Pfoten leise auf dem Teppich. Er schnupperte am Hosenbein des Polizisten, schien einen Moment abzuwägen, dann legte er den Kopf in den Nacken und biss ihm wie in Zeitlupe fest in die Wade.

Der Mann im roten Auto verfolgte mich noch zweimal nach Hause. Ich rief niemanden mehr an. Ich ging nur rein und setzte mich zu Bubbles.

Meine Wohnung lag im Erdgeschoss und ging hinten auf ein Stück Rasen hinaus, wo ich manchmal Kaninchen sah. Bubbles, dessen wilde Seite bei ihrem Anblick zum Vorschein kam, schnatterte sie durchs Fenster an, und ich hockte mich neben ihn und beobachtete mit ihm die Kaninchen. Ich teilte eine Wand mit der Nachbarswohnung. Als ich eingezogen war, hatte dort eine Frau gelebt, aber ich war ihr nie begegnet. Sie schien nie rauszugehen, und ich hörte sie immer nur spätnachts weinen, wahrscheinlich in ihrem Badezimmer. Irgendwann wurde mir klar, dass sie wohl auch mich weinen hörte.

Als die Nachbarin auszog, zog ein junges Paar ein. Sie waren in meinem Alter. In ihrer ersten Woche in der Stadt klopften sie bei mir, um sich vorzustellen, und sie lernten Bubbles kennen, der sie aus einigem Abstand argwöhnisch beäugte. *Er beißt*, warnte ich die beiden, und sie schienen entzückt.

Danach brachten Matt und Krista Cookies vorbei, und immer wenn wir uns draußen begegneten, erkundigten sie sich nach Bubbles. Sie hängten eine Hängematte im Garten auf und luden mich ein, sie auch zu benutzen. Wenn sie Musik anmachten, schrieben sie mir eine Nachricht und fragten, ob es zu laut sei. Sie waren die idealen Nachbarn, genau das, was ich mir erhofft hatte, und dass wir uns nie anfreundeten, war allein meine Schuld. Sie luden mich zum Essen ein, und ich lehnte ab. Sie empfingen im Garten Besuch, spielten Badminton und nötigten mich spielerisch, mitzumachen, riefen durch meine Fenstergitter nach mir.

Lass Bubbles doch mal für fünf Minuten allein!, sagten sie. *Komm raus zu uns!* Direkt vor meinem Fenster wurden Burger gegrillt und Frisbees geworfen, während ich mich mit Bub im Schlafzimmer verschanzte.

Nur einmal ging ich in die Wohnung nebenan, als die beiden mich erneut zum Abendessen einluden und mir nicht schnell genug eine Ausrede einfiel. Ihre Wohnung war das genaue Gegenstück zu meiner, ein Spiegelbild, und wir hatten genau die gleichen billigen Möbel von Target: den gleichen Ganzkörperspiegel, die gleichen Badezimmerschränke aus Kunststoff. Krista hatte Chili gekocht, Matt hatte ein ganzes Buffet an Toppings angerichtet, Sour Cream und Frühlingszwiebeln, Käse und Chips, und beim Essen stellten sie freundliche Fragen zu meinem Promotionsprogramm und meiner Lehre. Ob ich auch etwas zurückfragte, weiß ich nicht mehr. Ich verbrachte den Großteil des Abends abwechselnd mit Jammern und dem Versuch, normal zu wirken. Obwohl es genau das war, was ich mir vorgestellt hatte, nette Nachbarn, mit denen ich zu Abend essen konnte, ein Ausweg aus der Isolation meines winzigen Lebens, fand ich es grässlich. Ich hatte einfach nicht genügend Kraft, mich für Matt und Krista zu interessieren. In meinem Kopf gab es keinen Raum für Neugier auf andere Menschen. Ihr Leben unterschied sich so sehr von meinem, dass es sich nicht zu lohnen schien, sie verstehen zu wollen. Ich konzentrierte mich einzig und allein aufs Überleben, und mein Überleben war egoistisch. Es war mir egal, wer dafür litt.

Damals merkte ich gar nicht, wie sehr ich meine Einsamkeit selbst konstruiert hatte, dass ich sie beschützte wie eine Festung. Ich romantisierte meine Isolation, versenkte mich in meiner Traurigkeit. Das einzige Leben, über das ich mir je Gedanken machte, war mein eigenes, und alles an meiner Welt beförderte das: die vielen Stunden, die ich mit Unterrichtsvorbereitung verbrachte, mein niedriges Gehalt, das mich ununterbrochen unter Stress setzte, der ständige Fokus auf meine Verantwortung, mir eine Karriere aufzubauen, wenn ich genug Geld verdienen wollte, um ohne Studienkredit die Miete zahlen zu können. Mein Leben fühlte sich prekär an, und diese Unsicherheit schien mir jede Großzügigkeit zu verbieten. Was hatte ich schon zu geben?

Ich wollte Zugehörigkeit zu etwas, das mir einfach so zufiel, etwas, das ich fertig betreten konnte. Ich dachte mir Gemeinschaft als passiv bewohnbaren Raum. Erst Jahre später begriff ich, dass Gemeinschaft etwas Aktives ist, das wir aufbauen, umgestalten und zu dem wir beitragen. Dass Zugehörigkeit etwas ist, das wir selbst erfinden.

Nach vier Jahren ging ich ohne Abschluss ab. Mein Leben war nicht, wie ich es mir vorgestellt hatte, meine mentale Gesundheit ging den Bach runter, und die Zukunft schien düster. Ich zog auf die andere Seite des Landes, nach Tucson; ein Ort, den ich mir aufgrund seiner Entfernung von Massachusetts ausgesucht hatte, wo ich mein ganzes Leben verbracht hatte. Ich hatte überhaupt keine Angst, ganz woanders hinzuziehen. Wenn überhaupt, war es eine Ausrede: Natürlich hatte ich niemanden, wenn ich neu in der Stadt war. An einem Ort, wo ich schon seit Jahren lebte, war es viel schmerzhafter, niemanden zu haben.

Die Frage war, ob ich Bubbles würde mitnehmen können.

Bubbles packten schon bei einer zehnminütigen Fahrt zum Tierarzt Angst und Übelkeit. Unvorstellbar, ihn quer durchs Land zu karren. *Hast du Lust auf einen Roadtrip?*, fragte ich ihn, und er blinzelte und streckte sich auf meinem Bett aus. Ich sprach nie in einem Singsang mit ihm, benutzte keine Babysprache. Ich redete mit ihm wie mit einem Mitbewohner. Einem Freund.

Ich wusste, dass er die Reise nicht gut wegstecken würde. Ich wusste, dass ich ihn nicht zurücklassen konnte.

Als ich meinem Dad erzählte, dass ich von der Uni abgehen und nach Tucson ziehen würde, kam sein Angebot, noch bevor ich fragen konnte. *Ich hab über deinen großen Umzug nachgedacht*, schrieb er. *Falls Bub einen längerfristigen Katzensitter braucht, weißt du, dass er hier willkommen ist.*

Bubbles und Dad entpuppten sich als Seelenverwandte. Meine Eltern hatten sich gerade erst scheiden lassen, und meine Mum hatte die gemeinsame Katze behalten. Mein Vater lebte plötzlich allein, ohne Katze, das erste Mal seit Jahrzehnten. Das war Bubs Spezialgebiet: einen Platz im Leben eines akut einsamen Menschen auszufüllen.

Bubbles lebte noch vier Jahre in einem verwinkelten alten Haus, das Dad Zimmer für Zimmer in ein Katzenparadies umgebaut hatte. Es gab Rampen vom Fußboden bis zur Decke, an den Wänden befestigte Katzenpfade, Treppen zu Kratzbäumen, Lieblingsstühle und weiche Katzenbetten neben dem Kamin.

Bub war meistens lieb zu meinem Dad, all der Platz und ein geregelter Tagesablauf ließen ihn aufblühen, aber ab und zu bekam ich spätabends Nachrichten, Bilder von den mit Bissspuren übersäten Händen meines Vaters, im Hintergrund der finster dreinblickende Bubbles. *Beißt ordentlich zu*, hieß es in den Nachrichten. *Ein richtiger Arsch. Hab ihn lieb.*

Das Ende ist, dass Bubbles gestorben ist. Wobei das eigentlich gar kein Ende war, sondern ein Anfang. Mit neun Jahren hörte Bubbles nach monatelanger Behandlung eines Lymphoms eines heißen Augusttages in den Armen meines Vaters auf zu atmen. Am selben Tag zog ich in das Haus im Poets Square.

Das Ende ist auch, dass ich noch Jahre danach dachte, dass Bubbles vielleicht mehr gewusst hatte als ich. Dass Bubbles mir vielleicht über mehrere Staaten und Dimensionen hinweg eine Botschaft hatte zukommen lassen: *Hier ist ein Haufen anderer halbwilder Tiere, die du lieben kannst.* Mein Dad trauerte sehr um Bub, sah seinen Geist in allem Wilden: in den Wäldern, den Füchsen, die durch sein Viertel streiften, in jedem Insekt, das vor seinem Fenster auf der Stelle schwebte. Ich sah Bub in jeder hilfsbedürftigen Katze, die vor meiner Tür auftauchte. *Botschaft angekommen, Bubblito*, sagte ich dann. Bei jeder Katze, die ich zum Tierarzt fuhr, erinnerte ich mich an all die Nächte, in denen ich in Bubbles' Fell geschluchzt und mich so schrecklich allein gefühlt hatte. Ich erinnerte mich daran, wie er mir übers tränennasse Gesicht geleckt hatte, obwohl er sich selbst nur selten putzte. Bub schien es immer an grundlegendem Wissen darüber zu fehlen, was es heißt, eine Katze zu sein, als hätte er als Kätzchen ein paar Lektionen geschwänzt, und das war einer der Gründe, warum er sofort meine Zuneigung gewann. *Wir haben beide keine Ahnung*, flüsterte ich ihm zu, und dann schnurrte er, und sein tiefes, inniges Brummen vibrierte in meinen Knochen.

Wenn ich über Einsamkeit nachdenke, kommt mir immer noch Bubbles in den Sinn und wie sehr er eine Phase meines Lebens geprägt hat. Wie angewiesen ich auf ihn war, auf die massige und weiche Schwere auf meiner Brust, wie er zur Begrüßung auf die Tür zugesprungen kam. Wie viel leichter es war, mir einzureden, dass ich nur ihn brauchte, als den Gedanken an mich heranzulassen, ich könnte andere Menschen brauchen. Wie hässlich und wie wesentlich es ist, bedürftig zu sein.

Bubbles, mein gigantischer und einziger Freund, in den ich meine ganze Zuneigung gefüllt habe. Das riesige Symbol meiner Abschottung. Dass er an dem Tag starb, an dem wir in das Haus zogen, erschien mir viele Jahre lang so bedeutsam, als hätte meine Selbstbezogenheit ihn hervorgebracht und meine Einsamkeit ihn am Leben erhalten. Manchmal glaube ich, ich gedenke Bubbles am besten, indem ich andere Katzen rette, so viele wie möglich, all die halbwilden, aggressiven Katzen, Katzen, die hungrig und ungeliebt aus den Wäldern auftauchen, ungestüm, bissig. Und trotzdem erinnere ich mich am lebendigsten an Bubbles, wenn ich mit anderen zusammen bin, wenn liebe Menschen einfach so nachfragen, wie es mir geht, wenn ich jemandem Suppe ans Krankenbett bringe. Wenn mich eine Karte von einer Kommilitonin aus der Graduiertenschule erreicht, mit ein paar lieben Worten über die Katzen und einem PetSmart-Gutschein. All die Menschen, auf die ich mich heute verlassen kann, all die Wege, die ich nach meinem Einsiedlertum eingeschlagen habe. Damals wusste ich noch nichts davon, von all dem, was nach Bubbles kommen sollte, was ich aus seiner Bedürftigkeit und der Art, wie er sie der Welt mitteilte, alles lernen würde.

Später im Poets Square, als ich den Instagram-Account für die Katzen anlegte, kommentierte eine Frau namens Katy eins meiner Fotos. Sie wohne nicht weit von mir und liebe Katzen, falls ich einmal Hilfe bräuchte. Ich lud sie ein, damit sie die Katzen kennenlernte, sie fütterte sie für mich, als ich einmal ein Wochenende unterwegs war, und wir blieben in Kontakt. Es ging mir nicht mehr aus dem Kopf, wie leicht das gewesen war: Katy war einfach zu unserem Haus spaziert, und jetzt saß sie mit mir im Carport, und wir unterhielten uns über die Katzen und über das Viertel und darüber, wo wir vorher gelebt hatten und wie wir hier gelandet waren, und über unsere Probleme und Hoffnungen, und dann war Katy meine Freundin, eine richtige Freundin, und als ich am Jahresende krank wurde, stellte sie mir Abendessen vor die Tür und bot an, meinen Hund spazieren zu führen.

Gerald lernte ich kennen, weil er ein Kätzchen bei sich aufnahm, das ich aus einem Tierhorter-Haushalt gerettet hatte. Das Kätzchen war in einem schmutzigen Hamsterkäfig gehalten worden und lebte jetzt bei Gerald, und als ich Jahre später eine Autopanne hatte, war er es, der mich am Straßenrand aufsammelte. Annie lernte ich kennen, weil auch sie Straßenkatzen fütterte, und als ich mich Jahre später einmal aussperrte, hatte sie den Ersatzschlüssel. Isaac und Shannon lernte ich kennen, weil sie ebenfalls eine Instagram-Seite über Katzen betrieben, und noch Jahre später textete Isaac mir, wenn er im Polizeifunk etwas von einem Autounfall mitbekam, bei dem die Beschreibung eines Wagens auf meinen passte. *Alles klar bei dir?*, schrieb er immer mal wieder. *Wollte mich nur kurz melden!*

Abby lernte ich kennen, weil sie die kranken Kätzchen aufzog, die ich aus einem Müllberg gefischt hatte, und Rachael, weil auch sie in ihrer Freizeit Katzen einfing, und Angéline, weil sie im örtlichen Tierheim arbeitete, und dann verstrichen die Jahre, und wir saßen alle zum Abendessen zusammen, wieder und wieder, und schrieben einander Nachrichten, wenn wir krank waren oder traurig oder nervös oder verliebt. Wir veranstalteten Partys und Picknicks, und wenn es jemandem schlecht ging, halfen wir beim Putzen. Wir schnürten Carepakete. Wir kümmerten uns.

Ich knüpfte ganz ungeplant Freundschaften, und eine ganze Weile verstand ich gar nicht, was passiert war, warum ich mich so lange gequält hatte und jetzt plötzlich nicht mehr. Ich pflegte dreißig Katzen und dreißig Freundschaften, hatte eine ganze Gemeinschaft, eine unendliche Liste an Menschen, die ich im Notfall anrufen konnte. Vielleicht lag es daran, dass es in der Katzenrettung nicht so konkurrenzbetont zuging. Wir rivalisierten nicht um einen einzigen Job. Vielleicht lag es auch daran, dass wir einander helfen wollten, aus ganzem Herzen, weil wir uns alle dem Kampf gegen Tierleid verschrieben hatten und man den unmöglich allein führen konnte. Vielleicht lag es auch an mir. Vielleicht hatte ich, nach all den Jahren, die ich mich nur auf mich selbst konzentriert hatte, endlich mein selbstsüchtiges Herz in die Hand genommen und es von dreißig Katzen gründlich auf den Kopf stellen lassen.

Mutterschaft

Ich stand gerade in der Kastrationsklinik, als mir eine Frau einen frohen Muttertag wünschte.

Es war unklar, ob das ein Scherz sein sollte – bezeichnete sie die Katzen, die ich hier ablieferte, als meine Kinder? – oder hatte ich inzwischen einfach ein Alter erreicht, in dem ich automatisch für eine Mutter gehalten wurde? Als ich später darüber nachdachte, wurde mir klar, dass eine Fremde keinen Grund hatte, Scherze zu machen, sie konnte schließlich nicht wissen, dass ich dreißig Katzen und keinen Uterus hatte. Aber dass irgendjemand mich anschaute und für eine Mutter hielt, schien mir nicht weniger absurd.

Auf Instagram werde ich manchmal als die Mutter der Katzen bezeichnet. *Hallo Katzenmama!*, kommentiert irgendwer. Oder, noch schlimmer, sie nennen mich *Mami.* Manchmal auch *Miaumi*, was ich wirklich ganz fürchterlich finde. Es bereitet mir körperliches Unbehagen, wann immer die Annahme im Raum steht, ich wäre die Mutter von irgendwem. *Aaaww, sie liebt ihre Mami*, steht in den Kommentaren, wenn die dreifarbige MK mir ein Leckerli aus der Hand frisst.

Ich sehe mich echt nicht als ihre Mutter, antworte ich dann. *Ich bin eher so was wie ihre große Freundin.*

Als ich MK kennenlernte, war sie schon trächtig. Ich wusste es nicht. Vielleicht hätte ich es mir denken können, so seltsam, wie ihre Proportionen waren, mit dem viel zu kleinen dreieckigen Gesicht, dem prallen Bauch. Sie war verwildert, schmächtig und hatte einen flackernden Blick, hielt zehn Meter Abstand von mir, fraß ihr Futter, indem sie sich jeweils einen Happen stibitzte und sich schnell wieder zurückzog, heftig schluckte und hektisch in alle Richtungen sah. Beim Laufen hielt sie den Körper ganz nah am Boden, bis ihr immer größer werdender Bauch schließlich über die Erde schleifte.

MK war sofort mein Liebling. Eigentlich finde ich, ich sollte keine Lieblingskatzen haben, genauso wenig wie eine Mutter ein Lieblingskind, aber ich kam nicht dagegen an. Es hatte etwas mit ihrer intensiven Art zu tun, mit der enormen Größe ihrer Augen, ihrem ausdrucksstarken Gesicht. Sie war eine nervöse Katze, ganz überspannte Neurose, schon so lange Zeit aufs schiere Überleben eingestellt. Die schwarze Maske über ihren Augen verlieh ihr etwas Banditenhaftes.

Ich liebte sie.

Als mir klar wurde, dass MK trächtig war, weil ihr Bauch auf Wassermelonengröße angeschwollen war, dachte ich: *Was solls? Ich richte ihr ein Lager her, wo sie ihre Jungen kriegen kann.* Keine Ahnung, wie ich mir die Zeit danach vorstellte, mit dieser kleinen verwilderten Katze und ihren verwilderten Babys in meinem Garten. Mir war nicht klar, dass man eine trächtige Katze kastrieren und die Trächtigkeit abbrechen kann.

Manche Tierarztpraxen führen diesen Eingriff nicht durch. Manche Tierschutzgruppen sprechen sich dagegen aus. Manche sprechen gar nicht darüber. Aber Tatsache ist, dass diese Kätzchen keine Zukunft haben, nicht einmal wenn alles gut geht, und bei unterernährten Streunerkatzen, die noch nie eine Tierarztpraxis von innen gesehen haben, haben Trächtigkeit und Geburt so viele potenzielle Komplikationen: Totgeburten, lebensbedrohliche Entzündungen des Uterus, es kann so viel schiefgehen. Es ist schwer, sich etwas Traurigeres vorzustellen als hungernde Kätzchen, aber in meinen Augen sind es ihre hungernden Mütter. Sie sind selbst noch Babys. Sie handeln aus reinem Instinkt, evolutionsgesteuert, um ihre Jungen am Leben zu erhalten.

Als MK schließlich warf, suchte sie sich dafür den Nachbarsgarten aus, auf der anderen Seite der Mauer, wo ich sie nicht sehen konnte. Ich war an diesem Morgen früh aufgestanden, noch vor Sonnenaufgang, und als ich den Katzen das Frühstück rausbrachte, tauchte MK nicht auf. *Hoffentlich kriegt sie nicht gerade ihre Jungen*, dachte ich noch. Es war so kalt, dass ich meinen Atem sehen konnte.

Mit fünf hatte ich meine erste große Operation. Eine Geschichte mit den Nieren, irgendetwas, das sich nie richtig ausgebildet hatte. Eine ganze Woche verbrachte ich auf der Kinderintensivstation.

Ich war ein ängstliches Kind, meine Schüchternheit nahm fast panische Züge an, und das Schrecklichste am Krankenhaus waren nicht die Spritzen, die Wunden von der OP oder die Medikamente, von denen ich am ganzen Körper Juckreiz bekam, sondern die fremden Menschen: immer neues Pflegepersonal, ständige ärztliche Visiten, unzählige Leute, die Small Talk mit mir führen wollten und mich anfassten. Ich hatte fürchterliche Angst, fühlte mich ganz klein in meinem Krankenhausbett, wenn ich diesen Leuten begegnen musste. Sonst versteckte ich mich immer hinter den Beinen meiner Mutter, ließ sie für mich sprechen, aber jetzt, in einem Krankenzimmer, an Schläuche angeschlossen und mit größten Schmerzen beim Bewegen, gab es kein Entkommen.

Einmal bewunderte eine Krankenschwester den Plüschhund, den ich gerade als Genesungsgeschenk bekommen hatte, und ich umklammerte ihn, als wollte sie ihn mir entreißen. *Hat er schon einen Namen?*, fragte sie. *Wie heißt er denn?*

Ich blieb stumm. Ich wünschte, ich könnte erklären, was für eine Furcht mir Menschen damals einflößten, wie unmöglich es mir war, mit Fremden zu sprechen. Es war eine allumfassende Angst, ein Grauen, das ich als Erwachsene nicht mehr begreifen kann.

Er sieht knuddelig aus, sagte die Schwester. *Heißt er vielleicht Cuddles?*

Ich nickte, damit sie ging, und das tat sie dann auch.

Cuddles blieb bis ins Teenageralter mein wertvollster Besitz. Früher habe ich das erzählt wie eine witzige Anekdote – *Nicht einmal eine Frage konnte ich beantworten! Ich hab einfach zu allem Ja und Amen gesagt, nur damit die Leute gingen!* –, aber jetzt macht es mich traurig, daran zu denken, zu wie vielen Dingen in meinem Leben ich Ja und Amen gesagt habe, wie viele Tage meiner Kindheit ich in Angst verbracht habe, im Krankenhaus, immer in Habtachtstellung.

Meine Mom war die ganze Zeit bei mir, und als Kind habe ich nie infrage gestellt, was sie alles aufgab, um bei mir zu sein. Natürlich war sie da, sie war meine Beschützerin und außerdem meine Dolmetscherin, wenn ich mich nur mit ängstlichem Quieken ausdrücken konnte, wenn meine Sprechhemmung so ausgeprägt war, dass ich nicht einmal mehr meinen eigenen Namen herauskriegte.

Auf der Kinderintensiv wachte meine Mom nachts auf einem Stuhl in der Ecke meines Zimmers. Nach einigen schlaflosen Nächten, in denen sie versucht hatte, zum Piepen der Maschinen und im Sitzen zu dösen, teilten ihr die Schwestern mit, auf der Station gebe es auch einen Übernachtungsraum für Eltern.

Etwas ruhiger. Echte Betten. Oder zumindest Pritschen. Ich war zu klein, um das alles zu begreifen – wie müde meine Mutter war und wie besorgt, die extreme Erschöpfung in ihrem Blick, wie sehr ihr selbst alles wehtat, nachdem sie sich in ungünstige Positionen verrenkt hatte, in dem Versuch, es sich auf dem sterilen Krankenhaustuhl bequem zu machen –, und bat sie zu bleiben. Ich flehte sie an. *Geh nicht in das andere Zimmer. Bitte. Bitte, Mom. Bleib bei mir!*

Und das tat sie. Sie blieb bei mir, aufrecht sitzend und ruhelos, wach gehalten vom Piepen der Maschinen.

Draußen ertönte ein Heulen. Ich kannte inzwischen alle Töne der Katzen, die Laute der Raufereien und Paarungen, die Unterschiede zwischen kleinen Reibereien und ernsthaften Kämpfen, das Jammern eines verletzten Tiers. Aber dieses Heulen, das da von draußen durch mein Schlafzimmerfenster drang, war nichts von alldem. Es klang nach einer tödlichen Verwundung. Es klang entsetzlich, und als ich es hörte, sprang ich fast unwillkürlich auf und rannte zum Fenster.

Es war MK. Sie war im Vorgarten, lief rastlos suchend auf und ab. Sie jaulte, schrie, stieß Laute aus, von denen ich nicht geahnt hatte, dass sie überhaupt in ihr steckten. Sie war klein und wild, komplett durcheinander, außer sich, mit aufgestelltem Rückenfell. Das war ein Wehklagen.

Ihr Bauch war keine Melone mehr. Sie sah aus, als hätte jemand ihr die Luft abgelassen.

Später erfuhr ich, dass MK nebenan geworfen hatte. Die Nachbarn hatten ihr Junges, nur ein einziges, gefunden und in der Annahme, es sei an diesem kalten Morgen verlassen worden, mit ins Haus genommen. Sie machten alles richtig. Hatten das

Kätzchen auf ein kleines Heizkissen gebettet und fütterten ihm Ersatzmilch mit einer Pipette. Dem Kätzchen ging es gut, es war rot und weiß, unglaublich winzig mit einem runden Bäuchlein. Es hatte die Augen noch geschlossen.

Aber die Nachbarn wussten nicht, dass das Baby zu MK gehörte. Dass sie da draußen war und suchte. Dass sie im Garten ihre Runden drehte, die Nase am Boden, dass sie den Kopf in den Nacken warf und heulte. In ihrer Verzweiflung schnupperte sie an allem: an jedem Stein, jedem Spielzeug, jedem Katzenbett. Sie schnupperte an der Mülltonne und am Zaun und an den Bäumen, trabte hektisch auf alles zu, was klein genug war, um ein Kätzchen zu sein, drückte verzweifelt das Gesicht dagegen und heulte: *Bist du mein Baby? Hab ich dich auf die Welt gebracht?*

Sie war nur noch Instinkt, nur noch Hormone, auf der Suche nach etwas, das sie bemuttern konnte. Ihr Kätzchen lag sicher im Nachbarhaus, mit einem Geschirrtuch zugedeckt, wurde unter einem Heizstrahler in den Schlaf gewiegt und konnte ihr Heulen nicht hören.

Meine erste Operation schlug fehl. Das erfuhren wir erst bei einer Folgeuntersuchung ein Jahr später, als ich sechs war. Der Arzt erklärte meiner Mutter, dass nicht nur die Probleme in der linken Niere zurückgekommen seien, sondern jetzt auch die rechte betroffen sei. Ich hörte gar nicht richtig hin, bis er das Wort *Operation* sagte, das ich wiedererkannte, und danach saßen meine Mom und ich weinend im Wartezimmer. *Wir müssen es noch mal machen*, sagte sie, und ich wusste, was das bedeutete: neue Wunden, neue Nadeln, neue fremde Menschen. Die riesigen Aquarien im Wartezimmer verströmten trübes Licht.

Für meine zweite OP waren wir in einer Art Krankenhaus-Suite untergebracht, in der es ein Bad mit Dusche gab, und ich weiß noch, dass ich mich wunderte, wie sehr sich meine Mom darüber freute. Die Station hatte auch einen kleinen Aufenthaltsraum, und als es mir gut genug ging, um das Bett zu verlassen und mich in einen Rollstuhl zu setzen, schob meine Mom mich dorthin, und ich durfte kleine Perlen zu Armbändern auffädeln. Ich machte eins für mich selbst und eins für meine Mom, und wir trugen sie, als wir uns in meinem Krankenhausbett an den Händen hielten.

Ich weiß noch, dass ich Schmerzen hatte und mir Cuddles beim Husten fest gegen den Bauch drückte. Die Medikamente verursachten bei mir Übelkeit, und die Übelkeit versetzte mich in Panik. Die kleinen Einwegschalen, die man im Krankenhaus bekommt, wenn man vielleicht spucken muss, hatten die Form von Nieren, und ich dachte, sie wären speziell für mich angefertigt worden.

In meiner Erinnerung hat meine Mom im Krankenhaus nur ein einziges Mal geduscht. Ich flehte sie an, bei mir zu bleiben. Ich war sieben und kaum lebensfähig. Wegen der OP verpasste ich die Hälfte der ersten Klasse, und in der Schule weinte ich immer noch jeden Tag. *Ich dusche so schnell, wie noch nie jemand geduscht hat*, versprach mir meine Mom, und ich glaubte ihr, wusste aber auch, dass es trotzdem nicht schnell genug gehen würde. Sie stellte sicher, dass ich mit Wasser und Crackern versorgt war, alle Medikamente genommen hatte, dass mein Tropf tropfte und dass in den nächsten fünf Minuten keine Krankenschwester kommen würde. Sie gab mir den Notknopf in die Hand, mit dem ich die Schwesternstation anpiepen konnte, auch wenn ihr klar war, dass ich ihn niemals benutzen würde. Dann erst ging sie in das direkt angrenzende Badezimmer.

Mir wurde schlecht. Augenblicklich. Es war die heftige, magenumdrehende Art von Übelkeit, ein Zittern am ganzen Körper, ein unkontrollierbares Zusammenziehen des Zwerchfells.

Ich bekam Panik. Nicht, dass ich gedacht hätte, meine Mom könnte irgendetwas unternehmen, damit es aufhörte, aber in meinen sieben Jahren auf Erden hatte ich noch nie irgendeinen Schmerz allein durchstehen müssen. Ich hatte keinerlei Schutzmechanismus. Die einzig mir bekannte Art, Schmerz auszuhalten, bestand darin, ihn auf meine Mutter zu übertragen, sie jedes Fitzelchen davon absorbieren zu lassen, was wahrscheinlich auch der Grund dafür war, dass ich auch mit fünfundzwanzig noch keine Ahnung hatte, wie man seine Gefühle verarbeitet. Ich hatte nie gelernt, mich selbst zu beruhigen. Aber damals, mit sieben, auf der Kinderintensivstation, mit panischer Angst vor fremden Menschen und zu vielen Schläuchen im Körper, mit zwölf Zentimeter langen OP-Wunden am Bauch, war ich also kurz davor, mich zu übergeben. Ich spürte, wie es mir die Kehle hochstieg, und war völlig hilflos. Ich schrie nach meiner Mom.

Die Schwestern hörten mich zuerst, obwohl ich den Knopf nicht gedrückt hatte – schließlich waren nicht sie es, die ich bei mir haben wollte –, und als sie ins Zimmer kamen, verriet ich ihnen nicht, was los war. Ich sagte kein Wort. Konnte nicht. Ich heulte nur, würgte und schrie, während die Schwestern panisch um mein Bett herumliefen und herauszufinden versuchten, wie sie mir helfen konnten. Dann holten sie meine Mom, unterbrachen ihre erste Dusche seit einer Woche. Sie eilte an meine Seite, während sie sich gerade noch in einen Bademantel wickelte, sich schaumige Shampooreste aus den Haaren strich, und erst dann, erst als meine Mom bei mir war, meinen Schmerz interpretieren und in sich aufnehmen, meine panischen Schreie auf sich kanalisieren konnte, sagte ich: *Ich glaub, ich muss kotzen.* Und das tat ich dann auch. Ich kotzte meine Mom von oben bis unten voll.

Wir bezeichneten Georgie als das Baby der Katzenkolonie, dabei war sie nur ein paar Monate jünger als MK. Sie war eine fluffige kleine schwarz-weiße Katze, ein knappes Jahr alt. Am liebsten schlief sie im Garten, in einem Knäuel aus den Ranken einer Kletterpflanze, und wenn ein Moskito oder eine Motte zu nah an ihrem Gesicht vorbeiflogen, verspeiste sie sie, schnappte sie sich einfach aus der Luft und kaute behäbig, die Ranken um den Kopf wie eine Krone. Sie döste die meiste Zeit und war eine entspannte Katze, das genaue Gegenteil der neurotischen MK. Sie war jung kastriert worden. Hatte nie geworfen.

Georgie fläzte also gerade im Blattwerk, eine weiße Pfote über den Augen, um sie von der Sonne abzuschirmen, als MK sie fand.

MK, immer noch auf der Suche nach ihrem Jungen, immer noch mit dem verzweifelten Bedürfnis, etwas zu bemuttern, entdeckte Georgie und entspannte sich sichtlich. Sie ließ die Schultern fallen, fiel beinahe vor Erleichterung in sich zusammen. *Da ist es ja*, schien sie zu denken. *Mein gigantisches Neugeborenes. Mein riesiges Babykätzchen.*

MK lief auf Georgie zu.

Sie leckte ihr fest über die Stirn und hielt kurz inne – *Ja, ja, mein Kätzchen!* –, dann packte sie sie mit dem Maul im Nacken und hob sie hoch. Georgie protestierte nicht. MK schleppte sie quer durch den Garten in ein Katzenbett im Carport, und als Georgie aufstand und weglaufen wollte, packte MK sie erneut.

Hiergeblieben, schien sie zu sagen, und so ging es dann zehn Minuten lang: MK zerrte eine ausgewachsene Katze zurück in das Bettchen und setzte sich praktisch auf sie, beharrte darauf, dass das ihr Junges war, und Georgie, zwar etwas irritiert, aber offenbar gut unterhalten, hielt das Ganze für ein Spiel, lief immer wieder ein paar Schritte weg und wartete, dass MK ihr folgte.

Ich beobachtete die Szene durchs Fenster. Unschlüssig, ob ich einschreiten sollte, ratlos, was gemeinhin zu tun ist, wenn eine erwachsene Katze eine andere erwachsene Katze fälschlich für ihr Junges hält. Ich wusste nicht, wo das echte Kätzchen steckte, hatte keine Ahnung gehabt, wie ich MK helfen sollte, meinem neurotischen Herzchen, als sie gesucht und gelitten und geheult hatte. Was für eine Last von ihr abfiel, als sie Georgie jetzt ruhelos umrundete, war überdeutlich. Ihr kleiner Katzenkörper vibrierte vor aufgeregter Erleichterung, ihr Junges gefunden zu haben: *Mein Baby, ja, du bist in Sicherheit, du bist bei mir und in Sicherheit.* Irgendwann kapitulierte Georgie, streckte sich auf dem Katzenbett aus, und MK machte sich daran, sie abzulecken, etwas harsch, von Kopf bis Fuß. Wie Mütter das eben machen.

MK wirkte zufrieden mit sich, als sie ihren gigantischen Spross schließlich ins Bett bugsiert hatte und endlich alles an mütterlicher Fürsorge nachholte, wozu ihre tierischen Instinkte sie drängten. Georgie machte einen gelassenen Eindruck. Sie war nicht ganz sicher, was hier vor sich ging, konnte aber damit leben. Als ich rauskam, sprang MK auf und fauchte. *Geh weg!*, schien sie zu sagen und baute sich zwischen Georgie und mir auf. *Das ist mein Kind, ich habe es geboren.*

Ich trat den Rückzug an.

Als ich dreiundzwanzig war, bekam meine Mutter eine Krebsdiagnose. Es fing in ihren Mandeln an und kam immer wieder. Bei ihrer jüngsten Operation wurde ihr ein Großteil der Zunge entfernt. Ich war dabei. Diesmal stand ich auf der anderen Seite, musste zusehen, wie ein geliebter Mensch auf einem weißen Bett weggeschoben wurde, wartete stundenlang, bis der Chirurg aus dem OP kam, um mir mitzuteilen, dass es schlimmer war als erwartet. Nach dem Aufwachen konnte meine Mom nicht sprechen. Ihr Mund war eine einzige Blutlache. Sie wollte etwas sagen, öffnete die Lippen und schloss sie wieder, mit panischem Blick, erst halb bei Bewusstsein, und ich lehnte mich immer näher zu ihr, bemühte mich erfolglos, sie zu verstehen. Dann stieß sie einen einzigen erstickten Laut aus, und ich versuchte verzweifelt, ihn zu entschlüsseln. Sie sagte: *Schmerz.*

Zu beobachten, wie meine Mom mehrere Runden Krebsbehandlung über sich ergehen ließ, brachte etwas in mir ins Wanken. Beim ersten Mal war ich fest davon überzeugt, sie zu verlieren. Und tatsächlich war sie nicht mehr die Mom, die ich immer gehabt hatte, die Version von ihr war verschwunden. Tagelang trauerte ich, als wäre sie schon tot, bevor ich mich der Tatsache stellte, dass sie noch am Leben war. Ich versuchte, meine tote Mutter, meine lebendige Mutter und die Version meiner Mutter, die so krank war, so dünn, so verletzlich und schwach, in Einklang zu bringen. Monatelang weinte ich um einen Menschen, der direkt neben mir saß. Jahre später erfuhr ich vom Phänomen der sogenannten *Vorweggenommenen Trauer*, und endlich einen Begriff für meinen Schmerz zu haben, half mir, mich weniger verrückt zu fühlen.

Aber diese letzte Prozedur, die OP an der Zunge, hat etwas in mir irreparabel zerbrochen. Sie erholte sich so langsam, und ich wohnte so weit weg, flog durchs ganze Land, um bei ihr zu sein. In den ersten paar Wochen konnte sie überhaupt nicht sprechen und kommunizierte über Nachrichten auf einem kleinen Block. *Haben sie alles erwischt?*, schrieb sie als erste Frage nach dem Eingriff. Ich nickte. *Und die Lymphknoten?* Ja. *Wie groß ist die Narbe?* Die Narbe verlief in einem Halbkreis um ihren ganzen Hals, als hätte jemand versucht, sie zu köpfen. *Halb so wild*, sagte ich.

Das Schreiben strengte sie an. Die meiste Zeit saßen wir still da. Etwa einmal pro Stunde riss sie die Augen auf und schrieb *Schmerzen* oder *Schmerzen* oder *SCHMERZEN*, und ich rief die Krankenschwestern, verlangte nach Ärzten, die sich dann um meine Mom scharten und berieten, was sie ihr noch geben, was sie noch durch den Venenzugang drücken könnten. Es war Winter, und das Fenster ihres Krankenzimmers bot Sicht auf Worcester, Massachusetts, auf die durch die steilen Hügel wie gestapelt wirkenden Häuser und die stillgelegten Fabrikgebäude mit ihren zerbrochenen Fenstern. Ich fühlte mich elend. Ausgehöhlt.

Immer wieder schloss meine Mom die Augen und schlug sie wieder auf, versuchte, den Mund zu bewegen, woraufhin ihr ganzer Körper zusammenzuckte. Sie sah so ängstlich aus. Der Block, der zwischen uns hin- und herwanderte, bestand nur aus Seiten voller Schmerzen. Auf einer Seite schrieb sie in einer Handschrift, die noch als ihre zu erkennen war, aber schon schwach und krakelig: *Ich bin froh, dass du bei mir bist.*

Am leichtesten zu fangen sind Kätzinnen mit frischen Jungen, denn sie würden alles tun, um zu ihren Kätzchen zu gelangen. Egal, wie sehr sie sich vor der Falle fürchten, wie scheu und verwildert sie sind, egal, wie satt – sie würden alles tun.

Man spürt die Kätzchen durch ihr hohes Fiepen leicht auf und setzt sie in eine Einlassung ganz hinten in der Falle, dort, wo normalerweise das Futter hinkommt. Gegenüber ist die offene Tür. Die Katzenmutter hört das Fiepen, dreht Kreise um die Falle, horcht, schnuppert. Manchmal wird sie ganz hektisch, und das bricht einem fast das Herz. Man sieht, was für eine Angst sie hat, was für eine Panik vor der Falle, und manchmal scheint es, als würde sie die Lunte riechen, wüsste ganz genau, was passiert, wenn sie die Falle betritt. Aber es hilft nichts: Sie muss den Schreien ihrer Kätzchen folgen, dagegen kommt sie nicht an. Und dann geht sie rein, und hinter ihr schnappt die Tür zu.

Manchmal benutze ich sogar YouTube, spiele Kätzchenlaute ab, um eine Mutterkatze anzulocken. Es ist verblüffend, wie ein Tier fast gegen seinen Willen auf Geräusche reagiert, wenn der Instinkt übernimmt. Wahrscheinlich geht es menschlichen Müttern nicht anders. Sind nicht frischgebackene Mütter immer im Einklang mit ihren Babys, auf die genaue Frequenz ihrer Schreie geeicht? Kam nicht auch meine Mutter aus der Dusche gerannt, als ich nach ihr schrie?

So versuchte ich es auch bei MK an jenem Morgen, nachdem sie geworfen hatte.

Zuerst unternahm ich einen Anlauf mit ihrem Kätzchen, ihrem echten Kätzchen, einem ganz frischen rot weißen Katerchen, eingekringelt wie ein Hörnchen und kläglich piepsend. Als ich ihn bei den Nachbarn entdeckt hatte, schlafend in einem Schuhkarton, brachte ich ihn zurück zu MK. Erst war sie ganz neugierig auf ihn – *Etwas Winziges? Mein Baby?* –, aber es war zu spät. Als er in der Transportbox zu fiepen anfing, wirkte sie nur noch verwirrt. Sie hörte die Schreie, registrierte sie in ihrem kleinen Katzenhirn, aber irgendetwas stimmte nicht. Sie machte sich nicht auf die Suche nach ihm. Bei jedem seiner Schreie lief MK zu Georgie. Ihre mütterlichen Drähte hatten einen Kurzschluss. Es ergab keinen Sinn, aber vielleicht ergibt Mutterschaft nie einen Sinn.

Für das Junge, dieses winzige, einen Tag alte Kätzchen, fand ich eine Pflegestelle, in der eine Katze auch gerade geworfen hatte und ihn aufnahm. Sie säugte ihn und leckte ihm ruppig über den Rücken, damit er roch wie ihre eigenen Kätzchen.

Draußen in der Auffahrt versuchten wir erneut, MK in die Falle zu locken, diesmal mit Georgie als Köder. *Das klappt im*

Leben nicht, dachte ich. Nicht bei MK, die sich seit einem vollen Monat einfach nicht fangen ließ, die voller Furcht jede winzige Veränderung ihrer Umgebung bemerkte, die so hungrig war, aber immer noch nicht hungrig genug, um sich für eine Mahlzeit in einen Metallkäfig vorzuwagen. Georgie miaute in ihrer Box, nur ein einziges Mal. Und MK kam angerannt, ängstlich geduckt, schnupperte und scharrte mit den Pfoten, auf der Suche nach der Katze, die genauso groß war wie sie, die sie aber aus irgendeinem Grund für ihr Kind hielt. Plötzlich war sie wieder ganz verzweifelt – *Das ist mein Baby, mein Baby ist da drin* – und lief geradewegs in die Falle.

Ich brachte sie direkt zum Tierarzt und ließ sie kastrieren. *Das musst du nie wieder machen*, versprach ich ihr.

Mich nach Moms OP um sie zu kümmern war das Schlimmste, was ich je habe tun müssen. Ich musste ständig an meine eigenen Operationen denken, an die ganzen Krankheiten meiner Kindheit, und fragte mich, ob es schrecklich für sie gewesen war. Ob sie es je sattgehabt hatte, ob sie nächtelang wach gelegen hatte, in dem quälenden Wissen, wie brutal solche Behandlungen sein konnten. Als Kind hatte ich mich als Erweiterung meiner Mutter wahrgenommen, und ich fragte mich, ob es ihr auch so ging, ob sie die Fehlfunktion meiner Nieren je in ihrem eigenen Körper gespürt, je den Schmerz der Einschnitte am Unterbauch wahrgenommen hatte.

Ich war quer durchs Land geflogen, zurück in meine Heimatstadt, um während des Eingriffs bei ihr zu sein, und ein paar Wochen später erfüllte es mich mit tiefer Erleichterung, wieder in ein Flugzeug zu steigen und sie zu verlassen, mehrere Staaten zwischen mir und ihrer Genesung zu wissen. Jede Nacht träumte ich, sie wäre entführt worden, irgendwelche Verbrecher hätten sie als Geisel genommen, und ich könnte ihr nicht rechtzeitig zu Hilfe kommen.

In den Jahren zuvor hatte ich meine Mom zur Chemo und zur Bestrahlung begleitet, war dabei gewesen, als man ihr eine Magensonde gelegt und später wieder entfernt hatte. Ich fuhr ihr Auto, sie saß von Übelkeit und Husten geplagt auf dem Beifahrersitz, und ich hielt alle dreißig Meter am Straßenrand, damit sie sich in den Schnee übergeben konnte. Damals war sie so dehydriert, dass die Haut an ihrem Handrücken aussah wie Papier. Sie verlor alle Haare und trug dicke Strickmützen. Wie eine Anziehpuppe von sich selbst sah sie aus, verblasst und zweidimensional.

Ich verbrachte meine Zeit in Krankenhäusern, Arztpraxen, Apotheken und Wartebereichen, schob meine Mom im Rollstuhl weiße Klinikflure entlang und fühlte mich die ganze Zeit wie ein kleines Kind, das sich verkleidet hat, als hätte jemand das Spiel zu ernst genommen und ich wollte, dass es aufhört. Als meine Mom nicht sprechen konnte, musste ich das für sie übernehmen, musste Krankenschwestern rufen, wenn ihre Maschinen piepten, musste am Telefon mit Ärzten streiten, die sich weigerten, ihr mehr Schmerzmittel zu verabreichen. Ich wollte irgendjemanden anflehen, das Spiel endlich zu beenden, mich meine Verkleidung ablegen und wieder Kind sein zu lassen. *Ich bin nicht ihre Mutter*, wollte ich sagen. *Sie ist hier die Mutter.*

Georgies echte Mutter war Monkey, die genau so aussah wie MK und wahrscheinlich ihre Schwester war. Eine besonders tolle Mutter war Monkey Georgie allerdings nicht gewesen. Ich wusste das von unseren Nachbarn, die mitbekommen hatten, wie Monkey kurz vor unserem Einzug Junge bekommen hatte. *Sie hatte kein Interesse am Mutterdasein*, erklärte der Nachbar. *Sie hat die Kätzchen nicht gesäugt.*

Monkey war keine gute Mutter gewesen, weil sie hungrig war, ängstlich und erschöpft. Weil sie ums Überleben kämpfte. Als ich sie ein paar Monate später kennenlernte, fraß sie in hektischen Etappen, knurrend, stets bereit, um ihr Futter zu kämpfen. Ihr Körper hatte einfach keine Reserven, um auch noch Kätzchen zu ernähren. Ihre Instinkte waren auf Überleben eingestellt, und sie überlebte.

Auch Georgie überlebte, wurde allerdings nicht von Monkey versorgt, sondern von einer Schale Milch, einem wohlmeinenden Nachbarn und den anderen Katzen, die anscheinend alle dreißig beschlossen hatten, nett zu Georgie zu sein. Das Baby sanft zu behandeln. Sie wurde von einer Gruppe halbwilder Streuner großgezogen, wuchs in rauen Verhältnissen auf, schloss sich auf der Suche nach Futter den größeren Katzen an.

Vielleicht hatte Georgie auch etwas Mütterliches in ihrem Leben vermisst, als MK sie wieder zu einem kleinen Kätzchen erklärte. Sie genoss es sichtlich, sich im Schlaf an MK zu kuscheln, blinzelte zufrieden, wenn die ihr das lange Fell putzte. Es schien sie mit Geborgenheit zu erfüllen, von einer Katze gesäugt zu werden, die nicht ihre Mutter war, in Sicherheit und dem Wissen einzuschlafen, dass MK sie gegen alles und jeden verteidigen würde. MK hatte jemanden zum Bemuttern gebraucht, und Georgie eine Mutter, und sie hatten einander gefunden.

Eine Nachbarin nennt alle Katzen *Kinder*, woran ich mich auch nach Jahren nicht gewöhnen kann. *Danke, dass du für die Kinder hier im Viertel sorgst*, sagte sie bei unserer ersten Begegnung, und für einen Moment sah ich mich selbst als freundliche Mom vor mir, in deren hübschem Garten alle Nachbarskinder abhängen. Die Mom, die immer Snacks vorrätig hat, mit dem Haus, in dem sich alle versammeln. Ich sah vor mir, wie ich Hausaufgaben betreute und Halloween-Süßigkeiten verteilte.

Nein, wirklich, sagte die Nachbarin, die mein Zögern wohl als Bescheidenheit deutete. *Diese Kinder haben großes Glück, dass sie dich haben.* Sie meinte natürlich die Katzen. Und vielleicht hatte sie recht.

Meine letzte Operation war eine Hysterektomie. Ich hatte Zysten im Eierstock, und als meine Ärztin anfing, über die verschiedenen Möglichkeiten zu sprechen, wie ich später noch Kinder bekommen könnte, sagte ich: *Das will ich nicht.* Es war mir eher rausgerutscht, aber es stimmte. Die Ärztin zuckte nur die Schultern und erwiderte: *Na, das macht die Sache natürlich einfacher. Dann einfach alles raus?*

Sechs Wochen später erholte ich mich von vier neuen Einschnitten am Unterbauch, quer durch meine ganzen Kindheitsnarben. Am Tag der Entlassung sagte ich zu Tim, es gehe mir besser als erwartet, ließ mich vorsichtig ins Bett sinken und schlief mehrere Stunden. Als ich aufwachte, wurde mir klar, dass die Wirkung der Schmerzmittel nachgelassen hatte, mir alles wehtat und ich völlig hilflos war. Ich fühlte mich wieder wie ein Kind, das panisch nach seiner Mutter schreit. Tim fand mich schluchzend im Bett, und ich konnte nicht erklären, warum ich weinte.

Statt mir Tabletten zu verschreiben, hatte mir der Chirurg eine Schmerzpumpe implantiert. Durch einen Schlauch in der Lendengegend wurde ein betäubendes Präparat direkt dorthin transportiert, wo es am meisten wehtat. An manchen Stellen merkte ich, dass es wirkte. Wenn ich mit dem Finger in die weiche Haut am Bauch drückte, spürte ich überhaupt nichts.

Ich lernte, die Katzen zu füttern, ohne den Rumpf zu bewegen, ohne mich zu krümmen, wo die Nähte verliefen. Ich trug immer nur einen Napf auf einmal, ging beim Abstellen tief in die Knie und hielt den Oberkörper ruhig. So machte ich das immer wieder, brachte erst zwei Näpfe raus, dann vier, dann sechs. Ging in die Knie, die Schläuche der Schmerzpumpe fest am Körper befestigt, brachte Schüsseln mit frischem Wasser, brachte Leckerli.

Tim sagte mir, ich solle aufhören, warten, bis er von der Arbeit heimkomme, damit er sich darum kümmern könne. Und um mich. Aber die Katzen konnten ja nicht wissen, dass Schläuche aus meinem Körper ragten, von welchen Organen ich mich verabschiedet hatte. Ich sorgte wie besessen für die Katzen, ignorierte das schmerzhafte Ziehen der Nähte, wenn ich mich bückte, um die leeren Näpfe aufzuheben. MK hatte inzwischen gelernt, an der Tür auf ihr Abendessen zu warten. Ich konnte nicht Nein sagen.

MK hatte Bäume erklommen, die obersten Äste abgesucht, als hätte sie ihr neugeborenes Kätzchen dort oben verloren. Sie hatte unter Büschen gesucht und unter unseren Autos. Der Schmerz in ihren kleinen Katzenschreien. *Ich habe so viel Fürsorge in mir,* schien sie zu schreien. *So viel Fürsorge.*

Einmal haben meine Mutter und ich gezählt, wie viele OP-Narben wir insgesamt haben. Einmal habe ich eine Liste mit allen Menschen erstellt, die sich nach Operationen um mich gekümmert haben. Meine Mutter, immer wieder, in meiner Kindheit. Mein Ex-Freund, als mir in einer Not-OP die Gallenblase hatte entfernt werden müssen. Tim, Tim und wieder Tim. Bei der Gallenblasen-OP wollte eigentlich meine Mutter dabei sein, wollte quer durchs Land fliegen, um sicherzugehen, dass jemand mir Hühnersuppe kochte, während ich mich erholte, aber dann schaffte sie es nicht. Es war die Woche, in der sie erfuhr, dass ihr Krebs zurückgekommen war.

Jetzt bekommen all meine Freunde Kinder. Immer wenn wieder jemand eine Schwangerschaft verkündet, ist da ein vages Gefühl von Verlust in mir, das ich nicht ganz einordnen kann.

Ich habe so viel Fürsorge in mir.

Wenn ich könnte, würde ich diese Katze als mein rechtmäßiges Kind adoptieren, schrieb ich einmal über MK. Es war die Bildunterschrift zu einem Foto, für dessen Aufnahme ich MK bestochen hatte. Mit einem Leckerli in der einen und der Kamera in der anderen Hand war ich auf dem Hintern einen Zentimeter nach dem anderen über die bekieste Auffahrt auf sie zugerutscht, um sie ja nicht zu verschrecken. Flauschig sieht sie aus auf dem Bild, unwirklich perfekt, die weißen Pfoten rundlich wie bei einem Plüschtier. Ihr Blick auf dem Foto ist so ausdrucksstark, dass er fast comicartig wirkt, und sie schaut mich an der Kamera vorbei an, die Augen neugierig geweitet, die Miene eine Mischung aus Skepsis und Sehnsucht.

Nach ihrer Kastration kümmerte ich mich um MK wie um ein Kind. Ich kann nicht kochen, eine Hühnersuppe würde ich beim besten Willen nicht zustande kriegen, das hat meine Mom immer entsetzt. *Und wenn du mal Kinder hast?*, fragte sie. *Was, wenn die krank werden?* Aber eine Dose Katzenfutter in einen Napf löffeln, das kann ich. Ich kann das Futter mit dem Rücken einer Gabel zerdrücken und mit Wasser mischen, bis es matschig wird. Ich kann ein Antibiotikum zermahlen und unterrühren. Ich kann das Ganze mit Streuseln aus Leckerli garnieren. Ich kann MK in der Auffahrt damit füttern, kann den Napf auf allen vieren auf sie zuschieben und dann sitzen bleiben und beobachten, wie sie daran schnuppert. Ich kann aufpassen, dass sie alles auffrisst.

Brauchst du sonst noch was?, fragte ich sie, und sie blinzelte mich von ihrem Katzenbett aus an, mit rasiertem Bauch und schon heilender Kastrationsnaht.

Nachdem MK kastriert worden war, ließ Georgie sich von ihr säugen. Jeden Tag, alle paar Stunden, wie ein echtes Babykätzchen drückte sie den Kopf gegen MKs Bauch und nuckelte. Als ich online davon berichtete, erwarteten alle eine biologisch oder verhaltenswissenschaftlich fundierte Erklärung dafür, warum zwei nicht verwandte erwachsene Katzen so etwas machen sollten. Ich hatte keine Erklärung. Georgie war eine unabhängige, ausgewachsene Katze gewesen, bevor MK sie gefunden und geliebt und Georgie sich gedacht hatte: *He, das gefällt mir.* Was für ein Luxus, so bemuttert zu werden.

Ich machte mir Sorgen, Georgie könnte MK so kurz nach deren Operation versehentlich wehtun, und lief den beiden den ganzen Tag hinterher, bot MK zusätzliches Futter und Wasser an, Katzenminze-Spielzeug und Leckerli, und lenkte Georgie ab, wenn MK schlafen wollte. *Georgie*, rief ich im Flüsterton und rollte mit Katzenminze gefüllte Bälle auf sie zu. *Stör deine Mama nicht.* MK schlief gern mit dem Bauch in der Luft, die Vorderpfoten ausgestreckt wie ein Zombie, und ich schaute ihr gern dabei zu und empfand eine Art Stolz über die Geborgenheit, die ich für sie geschaffen hatte. Manchmal schlief

Georgie mit ihr ein, legte den Kopf auf ihrer Mutter ab wie auf einem Kissen.

MK lebte weiterhin draußen vor meinem Haus im Poets Square und kümmerte sich um das Baby, das nicht ihres war. Monkey freundete sich langsam sowohl mit MK als auch mit Georgie an. Sie hatte kein Problem mit ihren Artgenossen, solange sie sie nicht bemuttern musste. Ich verbrachte meine Zeit damit, Futternäpfe zu zählen, Wasserschalen aufzufüllen, Katzenbetten zu waschen, mich an meiner täglichen Fürsorge für all die Geschöpfe zu erfreuen, die mir versehentlich zugefallen waren. Keine von uns war die Mutter der anderen.

Irgendwo hat meine Mutter bis heute ein Notizbuch aus meiner Kindheit, in dem sie sich Aufzeichnungen über die Operationen und die medizinischen Entwicklungen machte, die Namen von Ärzten und die Medikamentendosis festhielt, ihre schlimmsten Sorgen und Ängste aufschrieb. Sie zählte die Schläuche in meinem Körper und notierte das Ergebnis: siebzehn. Ihre Handschrift hat sich seit dreißig Jahren nicht verändert.

Viele Dinge werden über die Mutter vererbt, erfuhr ich bei einem Termin beim Humangenetiker. Wir sprachen über Brustkrebs und meine angeborene Veranlagung dazu. Aber er hätte genauso gut psychische Krankheiten, Angstzustände oder Kurzsichtigkeit meinen können. Er hätte den genauen Farbton meiner Haare meinen können, die Form meiner Fingernägel, das kaum merkliche Grübchen in meinem Kinn, kaum mehr als ein Schatten.

Mein Gesicht ist eine perfekte Kopie von dem meiner Mutter, und ich frage mich, wie es für sie ist, mich anzusehen. Ich werde nie ein Kind mit meinem Gesicht haben. Ich werde nie eine Tochter haben, die mir wie ein Spiegel meine besten und schlimmsten Seiten zeigt. Natürlich denke ich darüber nach.

MKs Gesicht ist orange und weiß und schwarz, geometrisch wie ein Rorschachtest. Man könnte alles darin sehen.

Virale Katzenvideos und der amerikanische Traum

Ein Jahrzehnt lang machte ich alles richtig. Ich besuchte ein College, das ein Vollstipendium anbot, schloss als Jahrgangsbeste ab, wurde an einer Graduiertenschule angenommen. Ich zog in eine Stadt mit niedrigeren Lebenshaltungskosten, ergatterte einen sicheren Job bei einer gemeinnützigen Organisation, hatte das Gefühl, Menschen zu helfen.

Es spielte keine Rolle, wie hart ich arbeitete oder wie viele Überstunden ich schob oder wie lange ich nach Möglichkeiten suchte, neben der Arbeit noch Geld zu verdienen. Die Miete wurde wieder erhöht. Mein Auto ging kaputt. Ich lebte von der Hand in den Mund. Ich wurde entlassen.

Es gab einen entscheidenden Schritt, der mich gerettet hat. Eine Sache, die mich von einer Arbeitslosen mit wachsenden Arztschulden zu einer zum ersten Mal überhaupt finanziell abgesicherten Hausbesitzerin mit regelmäßigem Einkommen und einem beträchtlichen Batzen Geld auf dem Konto gemacht hat.

Hier kommt das Geheimrezept, der Schritt, der mein Leben auf den Kopf gestellt hat: Ich habe ein Video gedreht, in dem ich Streunerkatzen ein Mini-Thanksgiving-Dinner kredenze.

Und dieses Video ging viral.

Seit über einem Jahr sorgte ich inzwischen für Monkey, Georgie, François und die anderen Katzen und postete regelmäßig Fotos mit ausführlichen Bildunterschriften auf Instagram. Ich hatte dort eine kleine, aber loyale Followerschaft von ein paar Tausend Leuten, die mir regelmäßig Katzenfutterspenden und liebe Nachrichten schickten. Schon das erschien mir ziemlich irre. Dass Menschen auf der ganzen Welt sich einer zusammengewürfelten Truppe von Streunern annahmen, die mir einfach so in den Schoß gefallen war.

Ich achtete darauf, dass meine Posts nicht nur kranke Katzen, traurige Geschichten und Spendenaufrufe waren. Ich hatte die Katzen lieb, weil sie so schräg waren, komische kleine Kobolde, die ihre Leben parallel zu unseren führten, und ich gab mir immer Mühe, ihre sonderbare Heiterkeit für Instagram festzuhalten.

Ich verpasste den Katzen gerne alberne Namen und staffierte sie für Fotos aus: Ich nannte ein Kätzchen Party Time und nähte ihm ein kleines Partyhütchen, mit dem ich es fotografierte. Ich nannte einen Kater Mr. Business und kaufte ihm einen Schlips und einen Laptop aus Pappe. Ich nannte einen Kater Tony Hawk, besorgte ihm ein Miniskateboard und filmte ihn dabei, wie er es neugierig bepfötelte. *Zeig mal 'nen Kickflip*, forderte ich ihn auf, und er schnurrte.

Den Leuten gefiel das, und ich fand es wichtig. Bei all der Traurigkeit in der Welt, all dem Tierleid, das ich mit ansah, all den Budgetplänen, die ich nächtelang wälzte, auf der Suche nach einem Szenario, bei dem die Zahlen am Ende nicht negativ ausfielen, war ich überzeugt, dass Albernheit wichtig war.

Jeder dieser Posts hätte durch die Decke gehen können. Viraler Content war weniger eine Frage des tatsächlichen Inhalts als des Timings und der Algorithmen. Es ging um die magische Kombination, die einen bestimmten Post in die erste Reihe des Internets katapultierte.

Gelegentlich teilte ich Bilder der Katzen auf Reddit, und einmal schaffte Sad Boy es auf die Startseite, sodass der Post allen Usern beim Öffnen der App angezeigt wurde. Er erntete 35.000 Likes, und die Skurrilität der Situation, die Vorstellung, dass 35.000 Menschen diese riesige Streunerkatze gelikt hatten, die auf meinem Dach wohnte, machte mich ganz schwindelig. An diesem Abend stand ich hinten im Garten und schaute zu Sad Boy hoch, der mit baumelnden Pranken am Rand des Daches fläzte. Ich erinnerte mich an das erste Mal, als ich ihn gesehen hatte, genau dort auf dem Dach, und wie er ausgesehen hatte, als hätte ihn sein ganzes Leben noch nie irgendjemand geliebt.

Sad Boy, flüsterte ich ihm im Dunkeln zu. *Fünfunddreißigtausend Leute finden dich toll. Was sagst du dazu?*

Die Idee für das Thanksgiving-Video entstand aus Langeweile. Tim und ich lebten beide weit von unseren Familien entfernt und verbrachten seit einigen Jahren alle Feiertage zu zweit.

In diesem Jahr hatte ich im Supermarkt eine kleine Sorte Brathähnchen entdeckt, das ich irgendwie niedlich fand, weil es aussah wie ein Truthahn im Miniformat. Wie schockiert ich wohl gewesen wäre, hätte man mir in diesem Moment gesagt, dass das der Startschuss zu einer völlig neuen Karriere war? Zählt das überhaupt als Karriere? Katzenvideos?

Ich briet meinen Minitruthahn in einem Minibräter. Stampfte Brei aus einer einzigen Kartoffel, kaufte eine Dose Kürbispüree und einen Beutel Truthahn-Gravy für Katzen. Ich durchforstete Sozialkaufhäuser nach genau den richtigen Tellern. Klein sollten sie sein, Untertassengröße, und edel aussehen.

Die Teller, die ich schließlich fand, waren aus weißem Porzellan mit Goldrand. Jede Portion – für jede Katze eine, zum

Schluss hatte ich ein ganzes Tablett voll – war mit einer einzelnen grünen Bohne garniert. Ich hatte wie besessen recherchiert, welche Thanksgiving-Speisen für Katzen unbedenklich waren. Tim filmte, während ich mein Thanksgiving-Tablett nach draußen trug, hielt die Kamera auf meine Hände und die kleinen Teller mit Truthahn gerichtet. Dann platzierte ich sie überall in der Auffahrt, das edle Porzellan auf Erde und Kies, und filmte, wie alle dreißig Streunerkatzen kamen und schnupperten. François, der wegen seines Schielens immer ein bisschen verwirrt aussah, leckte als Erster an seinem Truthahn.

Das war das ganze Video: die Zubereitung der Minimahlzeiten, etwas Garnitur, und François, der darüber herfiel. Titel: *Thanksgiving-Dinner für Streunerkatzen*. Mehr brauchte es nicht.

Ich fand es charmant, wie gelassen Tim meine bescheuerten Katzenideen ertrug. Ganz begriff er nicht, was ich da eigentlich trieb, aber er respektierte es. *Vertrau mir einfach*, sagte ich. *Das Internet wird begeistert sein.* Er schüttelte dann leicht resigniert den Kopf. *Ja. Glaub ich sofort.*

Legte ich es darauf an, viral zu gehen? Das war nie die Absicht hinter dem Account gewesen, und selbst nach den ersten paar Tausend Followern hätte ich mir nicht träumen lassen, was passieren würde. Ja, ich genoss es, eine Followerschaft zu haben. Es gab mir das Gefühl, dass Menschen – echte Menschen, keine gesichtslosen Online-Profile – an meiner Arbeit Anteil nahmen, an meinen Katzen, dass sie sich genug dafür interessierten, um sich die täglichen Updates anzuschauen.

Es war nicht das, was ich mir für mein Leben ausgemalt hatte. Mein Ziel war das Schreiben gewesen, ein akademischer Titel, ein Lehrauftrag, ein Bestseller vor meinem dreißigsten Geburtstag, aber auf jeder Etappe meiner Karriere wurde ich daran erinnert, dass ich irgendwie immer hinterherhinkte. Das Darlehen für die Graduiertenschule warf mich um Jahre zurück. Vom Unterrichten konnte ich nicht leben. Ich wusste nicht genau, wie alle anderen das hinkriegten, vielleicht hatten sie geerbt oder reiche Partner, aber für mich war das nicht machbar.

Ich hätte nie gedacht, dass ich meinen Lebensunterhalt einmal als Katzenrettungs-Influencerin bestreiten würde, ich hatte nicht einmal gewusst, dass es so etwas überhaupt gibt, aber manchmal kam es dem, was ich machen wollte, sehr nah. Ich hatte schreiben wollen, und hier gab es eine Plattform, selbst wenn das, was ich schrieb, Instagram-Captions über Katzen waren. Immerhin wurden sie gelesen. *Das ist Poesie*, kommentierten Leute meine Bildunterschriften zu Sad Boys nächtlichem Auftauchen neben dem Mond. *Ich liebe es, wie du von diesen Katzen erzählst*, schrieb jemand unter einen Post zu François, dem ich mich über Monate langsam auf Händen und Füßen genähert hatte, jeden Tag ein bisschen näher und mit Leckerli auf den ausgestreckten Handflächen, bis ich ihn endlich anfassen konnte, ihm über den Kopf strich. Hinter seinem Schielen schien eine Sicherung durchzubrennen, als ihm klar wurde, dass von mir keine Gefahr ausging.

Diese Kommentare, die Tatsache, dass ich genau genommen immer noch schrieb – das reichte, um mich wieder ein bisschen wie ich selbst zu fühlen.

Meine Identität war immer an das Erreichen von Zielen geknüpft gewesen, für die ich mit einem weiteren Zeugnis, einer weiteren Publikation, einem weiteren Preis belohnt wurde. Ich hatte keine Ahnung, was ich war, wenn ich nicht schrieb, und sollte es nicht auch genau so sein? Hatte man uns nicht seit der Grundschule gefragt, was wir werden wollten, wenn wir einmal groß waren? Ich hatte hart dafür gearbeitet. Mich darüber definiert.

Meine Vorstellung war immer gewesen, dass ich mit Mitte dreißig meinen Doktortitel in der Tasche hätte, in einem altehrwürdigen Backsteingebäude Englisch unterrichten und meinen Studierenden Donuts mitbringen würde. Bücher schreiben, dicke Brillengläser tragen, meine eigene Bibliothek sortieren. Jetzt versuche ich herauszufinden, was ich antworten soll, wenn ich gefragt werde, was ich mache.

Ich bin Straßenkatzen-TikTokerin, übe ich vor dem Spiegel, und es fühlt sich absurd an.

Der Thanksgiving-Clip ging zuerst auf Reddit durch die Decke, dann auf TikTok. Bis dahin hatte ich die Plattform nur zum Bearbeiten von Videos benutzt und nicht erwartet, dass mir dort überhaupt Leute folgen würden. Aber da waren sie plötzlich: zehntausend Follower über Nacht, am nächsten Tag hunderttausend. Ich hatte eigentlich keine Ahnung von TikTok, wusste anfangs nicht einmal, wie man auf Kommentare antwortet, aber schon eine Woche später wurde ich eingeladen, dem TikTok Creator Fund beizutreten, der Content Creators für jeden View den Bruchteil eines Cents auszahlt. Ich hatte zum Spaß ein albernes Katzenvideo gedreht, und die Welt sagte: *Mach's zu Geld.*

In meinem ersten Monat auf TikTok verdiente ich über tausend Dollar. Für mich war das fast ein ganzes Gehalt, fast achtzig Stunden Arbeit in meinem Texterinnen-Job. Statt achtzig Stunden mit E-Mails, Meetings, Redaktion und Copywriting zu verbringen, hatte ich dasselbe Geld mit Katzenvideos verdient. Es erschien mir so surreal, als großes Glück, das wahrscheinlich nur von kurzer Dauer sein würde, dass ich allen davon erzählte, von meinem seltsamen flüchtigen Moment des Interneterfolgs, der es mir erlaubte, eine außerplanmäßige Rate meines Studiendarlehens zu begleichen und mir in diesem Monat ein Sicherheitsnetz bescherte. Alle Leute, denen ich davon erzählte, bedachten mich mit dem gleichen Blick, als stellten sie kurz ihr eigenes Leben infrage, oder gar das ganze System, so schief musste da doch etwas gelaufen sein, damit das wahr sein konnte: dass Katzenvideos mehr einbrachten als mein Masterabschluss. Alle sagten sie dasselbe: *Mann, da hab ich mir wohl den falschen Job ausgesucht.*

Im Monat darauf verdiente ich über zweitausend Dollar mit Katzenvideos, und der Betrag nahm Monat für Monat weiter zu. Es war unklar, wie viel genau der TikTok Creator Fund eigentlich ausschüttete, nach welcher Formel Likes, Kommentare und das Teilen von Beiträgen in Dollars umgerechnet wurden, aber das war mir egal. Meine Formel war ganz einfach: Je mehr Katzenvideos ich postete, desto mehr Geld verdiente ich. Zeitweise bestand mein Ziel darin, jeden Tag sechs Posts zu machen, manchmal nur Zehn-Sekunden-Clips von Katzen, die ein Leckerli fraßen, und manchmal dreiminütige Stories, zusammengeschnittene Clips von Kätzchen und Pflegekatzen, oder ausführliche Vermittlungsberichte zu den Streunern aus unserer Auffahrt. Das ging durchaus als Geschichtenerzählen durch, redete ich mir ein. So etwas in die Richtung hatte ich mit meinem Leben anfangen wollen.

In diesen ersten Monaten hatte jedes meiner Videos für gewöhnlich hunderttausend Views, und mindestens einmal die Woche knackte eins die Million, oder zwei Millionen oder zehn. Das deckte meine Telefonkosten für den Monat, die Wasserkosten oder eine Tankfüllung. Plötzlich konnte ich Rechnungen fristgerecht bezahlen, dann im Voraus, und schließlich blieb sogar etwas übrig, ich konnte etwas in meine alten Studienkredite stecken, mein Sparkonto aufstocken.

Als ich versuchte, mich genauer zu informieren, was ich mit meinem Geld anstellen sollte, Altersvorsorge, Festgeldanlagen,

Privatrente, fühlte ich mich dumm. Es wurde nur noch deutlicher, dass es ganze Welten gab, in die ich keinerlei Einblick hatte, ganze Enzyklopädien über Finanzwissen, Klassenregeln, unausgesprochene Signale zwischen Reichen und Superreichen, altem und neuem Geld, und dass ich von alldem keinen blassen Schimmer hatte. Nichts davon hatte mit mir zu tun. So reich wie jetzt war ich noch nie gewesen, nie in meinem Leben hatte ich so viel Geld gesehen, dabei ging es nur um ein paar Tausend Dollar, die ich mit Katzencontent verdient hatte.

So viele Jahre hatte ich das Gefühl gehabt, an der Armutsgrenze zu kratzen, nur einen geplatzten Gehaltsscheck vor dem Bankrott zu stehen. Als meine Videos plötzlich ganz nebenbei zusätzliche dreitausend Dollar im Monat einbrachten, konnte ich all meine alten Behandlungskosten begleichen. Ich kaufte neue Reifen für meine Schrottkarre und ging zum Zahnarzt. Ständig starrte ich Zahlen an, voller Staunen, beobachtete, wie mein Sicherheitsnetz immer und immer größer wurde.

Jemand fragte mich, ob ich mein Geld investierte, und das tat ich: Ich steckte es in noch mehr Kratzbäume in albernen Formen, noch mehr alberne Fotorequisiten aus dem Ramschladen. *Ich arbeite*, witzelte ich, wenn Tim mich fragte, warum ich wieder neben den Mülltonnen hockte und François dabei filmte, wie er ein neues Spielzeug hin und her schoss.

Die Katzen waren so herrlich fotogen: Georgie, die mit Vorliebe in einem Laubhaufen schlief, Mr. Business, wie er faulenzte, den grauweißen Bauch in die Luft gestreckt, und François, der immer wieder vor seinem eigenen Schwanz erschrak und mit einem kleinen Luftsprung danach schlug.

Es war absurd, die Gruppe verwilderter Katzen vor meinem Fenster zu sehen und zu wissen, dass an ihnen meine finanzielle Zukunft hing. François drehte sich in seinem Bettchen in der Auffahrt um und purzelte heraus, schaute sich ganz perplex nach allen Seiten um, und ich verfluchte mich, weil ich die Szene nicht festgehalten hatte.

Ich hatte mich nie sonderlich dafür geschämt, dass ich kein Geld hatte, vor allem, weil mir nicht klar gewesen war, wie viel manche Leute davon besaßen. Ich konnte meistens pünktlich die Miete zahlen, war krankenversichert, und das schien mir mehr, als den meisten Menschen vergönnt war. Alle, die ich kannte, waren ebenfalls jung und pleite, steckten bis zum Hals in Schulden, kratzten sich ihre Möbel vom Straßenrand zusammen. Ich war erfinderisch. Ich überlebte in einem lebensfeindlichen System.

Aufgewachsen war ich an einem alten Fabrikstandort in Massachusetts, in einer deprimierenden Arbeiterkleinstadt. Meine Vorstellung von Geld, von Wohlstand, hatte nichts mit der Art von Reichtum zu tun, die ich später zu sehen bekommen würde. Als ich dann Futterspenden aus den schönsten Vierteln von Tucson abholte, sah ich in den Ausläufern der Catalina Mountains Häuser mit aberwitzig langen Auffahrten und Garagen für vier Autos, makellos gestalteten Gärten und edlen Eisentoren, die allein teurer als eine meiner Jahresmieten waren. Ich hatte Reichtum im Fernsehen oder auf Social Media gesehen, aber das war mir alles nie echt vorgekommen. Mir war nicht klar gewesen, wie viele Menschen solche für mich unvorstellbaren Leben führten. Selbst das Konzept Autofinanzierung war mir neu. Ich fuhr schon ewig denselben jahrzehntealten Toyota Camry, der tausend Dollar auf die Hand gekostet hatte.

Ich weiß nicht, wie ich das so lange hatte übersehen können, vielleicht hatte ich es absichtlich ausgeblendet, vielleicht war es mir irrelevant erschienen, aber überall um mich herum stellten Menschen ihr Geld auf eine Art zur Schau, die ich nicht einmal deuten konnte. Es war ein Code, den ich nie gelernt hatte, Zeichen, die mir völlig fremd waren. Tim hatte Freunde, die aus einer reichen Familie stammten, und als ich ihnen zum ersten Mal begegnete, kam ich kaum darüber hinweg, was sie für schöne Zähne hatten. Mein Retainer war vor Jahren kaputtgegangen, einen neuen konnte ich mir nicht leisten, und jeden Morgen nahm ich stirnrunzelnd zur Kenntnis, wie die dunklen Lücken zwischen meinen Zähnen breiter wurden.

Ich fing an, T-Shirts zu verkaufen. Ich hatte nicht mit einer Nachfrage nach Merchandise gerechnet. Zwar folgten mir inzwischen fast eine Million Menschen, aber ich vermutete, dass jemand, der sich gerne mal ein paar Katzenvideos ansieht, nicht notgedrungen auch Geld für ein T-Shirt mit einer Katze aus dem Internet ausgeben würde. Doch die Leute fragten immer wieder danach. Eine Künstlerin aus der Gegend entwarf T-Shirts mit François und Sad Boy und Lola und Monkey, mit all den Katzen, die ich den ganzen Tag in meiner Auffahrt filmte, und wir verkauften sie auf Vorbestellung, um genau die richtige Anzahl drucken zu können. Ich rechnete mit einigen Dutzend Bestellungen.

Über tausend gingen ein. Diese ersten Merchandise-Artikel, ein paar alberne T-Shirts mit den Katzen als Comicfiguren, eine Stofftasche, ein paar Sticker, brachten mir einfach so zehntausend Dollar ein. Ich machte dafür fast nichts: Ich segnete nur die Entwürfe ab und teilte sie auf TikTok, und innerhalb eines Monats war das Geld auf meinem Konto, eine solide Zahl mit lauter Nullen.

Was mach ich denn jetzt damit?, fragte ich Tim.

Er starrte mich an. *Wie meinst du das?*

Die Sache musste einen Haken haben.

Ich eröffnete ein neues Sparkonto, bei dem ich für jeden angelegten Dollar Zinsen bekam, und dann beobachtete ich Monat für Monat, wie mein Geld sich vermehrte. Das war alles. Kein Haken.

Acht Monate nach dem Thanksgiving-Video wurde ich aus meinem Job entlassen. Aus meinem echten Job, mit dem echten Büro, bei dem ich für das Verfassen von Spendenaufrufen für die Tafel ein regelmäßiges Gehalt bezog. Bei dem Gespräch mit der Personalabteilung musste ich weinen, eine Restangst aus dem Leben, das ich im Jahr zuvor geführt hatte, als eine einzige verpasste Schicht eine Woche ohne Essen bedeutete. Ich lebte immer noch in diesem Modus, trug noch den Stress in mir, auch wenn ich seit acht Monaten ein angenehmes Leben führte, weil ich ein paar Katzen ein kleines Brathähnchen zubereitet hatte. Ich konnte nicht aufhören, daran zu denken, was die Entlassung vor acht Monaten bedeutet hätte. Wie schnell hätte ich einen neuen Job gefunden? Wen hätte ich um Geld bitten können? Tims Gehalt hätte unsere Ausgaben nicht lange gedeckt. Ich stellte mir die ganze Kette an Ereignissen vor, die ganzen Rechnungen, die wir nicht hätten bezahlen können, die ganzen Sachen, die ich hätte verkaufen müssen. Manchmal sah ich mich immer noch im Haus um, inventarisierte all unsere Besitztümer, die etwas wert waren, für den Fall, dass ich irgendwann wieder in der Klemme steckte.

Aber ich hatte Geld. Wir nannten es das Katzengeld. Ich bekam außerdem eine Abfindung. Mein Konto war zum Bersten voll, es war ein völlig neues Gefühl. Offiziell war ich arbeitslos. Dass ich schrieb, konnte ich nicht mehr behaupten. Inzwischen ging es in den meisten Videos um die Kätzchen, die ich überall in der Stadt rettete, die Streuner, die ich einfing, um sie kastrieren zu lassen. Jetzt hatte ich plötzlich unter der Woche auch tagsüber Zeit und verbrachte meine Tage damit, weitere Katzen zu retten. Und Videos über sie zu drehen.

Wenn ich gefragt wurde, was ich beruflich mache, antwortete ich manchmal, ich sei Katzenretterin. Manchmal formulierte ich es allgemeiner: *Ich arbeite im Tierschutz*, sagte ich dann, auch wenn sich das gemogelt anfühlte, wo doch auf meiner täglichen To-do-Liste oft Sachen standen wie *Minisofa für Kätzchen kaufen* oder *François für TikTok filmen*. Die Leute gingen davon aus, dass ich in einem Tierheim arbeitete, den ganzen Tag Zwinger schrubbte, während ich in Wirklichkeit auf der Couch Voiceovers für meine Videos einsprach und auf Instagram-Kommentare antwortete.

Einen Großteil der Zeit rettete ich aber *wirklich* Katzen: Ich stieg im Müll herum, kauerte auf Parkplätzen am Boden, versuchte stundenlang, eine verletzte Katze einzufangen, um sie schnell zum Tierarzt zu bringen und die ganze Nacht schluchzend im Wartezimmer auf Neuigkeiten zu warten. Aber für nichts davon wurde ich bezahlt, das war nicht mein Job. *Ich bin selbstständige Katzenretterin*, versuchte ich es, damit die Leute nicht annahmen, ich arbeitete für Humane Society oder beim örtlichen Tierschutzverein, aber dann kam stattdessen die Frage: *Und wie verdienst du dann Geld?*

Ich befürchtete immer, jemand könnte denken, ich sei gar keine Katzenretterin, sondern nur eine reiche Frau, die sich für eine ausgab. Ich wollte beweisen, wie hart ich arbeitete. Ich wollte den Menschen im Internet versichern: *Ich schwöre, ich zähle jeden Cent auf meinem Konto. Ich wusste noch nie so genau, wie viel ich besitze.*

Ich machte mir Sorgen, die Leute könnten denken, ich hätte die ganze Zeit schon Geld gehabt oder würde von Tims Gehalt leben, damit ich meine Zeit mit dämlichen Katzenvideodrehs fürs Internet verbringen konnte. Ich weiß nicht, was ich glaubte, beweisen zu müssen. Was wäre schon dabei gewesen, wenn ich wirklich den ganzen Tag zu Hause gesessen und durchs Fenster Straßenkatzen gefilmt hätte? Aber ich kam mir unauthentisch vor, wenn ich die Leute in dem Glauben ließ, ich würde nicht hart für mein Geld arbeiten. Vielleicht hatte ich Angst, für faul gehalten zu werden. Vielleicht hatte ich mich so geschämt, kein Geld zu haben, dass ich mich jetzt auch schämte, welches zu haben.

Ich war glücklich, und finanziell unabhängiger, als ich es je für möglich gehalten hatte, aber da war immer noch eine nörgelnde Stimme in meinem Kopf, die das Leben, das ich jetzt führte, nicht mit dem in Einklang bringen konnte, das ich mir vorgestellt hatte. Ich hatte meinen Selbstwert an höhere Bildungsabschlüsse und prestigeträchtige Preise geknüpft, an traditionelle berufliche Wegmarken, und jetzt hatte ich einen TikTok-Account und einen Garten voll Katzen.

Ich hatte immer noch das Bedürfnis, den Leuten zu sagen, dass ich schreibe. Manchmal überlegte ich, wie ich die Wahrheit etwas verbiegen und mir selbst einen Jobtitel verpassen könnte, der mir eher entsprach. Unbedingt vermeiden wollte ich, mich als Influencerin zu bezeichnen, und auch TikTokerin wollte ich definitiv nicht genannt werden. Ich fing an, von *Content Creator* zu sprechen und wechselte dann zu *Social Media Storyteller*.

Mein Job war immer in Bewegung, änderte sich ständig, und war auch kein Job im traditionellen Sinne. Ich verdiente Geld mit Online-Content, aber das Entscheidende an meiner Arbeit hatte nichts mit dem Schneiden von Videos zu tun. Der Job war auf seltsame Weise zweigeteilt: Ich musste Katzen retten, und ich musste die Katzenrettung in konsumier- und liquidierbare Inhalte übersetzen. Katzenrettung ohne Content konnte ich mir nicht leisten, und diesen Content konnte ich nur erstellen, indem ich Katzen rettete.

Tim lernte dauernd neue Leute kennen, und sie fragten immer, was ich arbeitete, und ich machte mir Gedanken darüber, was er wohl antwortete. *Was sagst du, wenn dich jemand nach meinem Job fragt?*, wollte ich wissen, und er zuckte nur mit den Schultern, als wüsste er es wirklich nicht. *Ich sag einfach … Katzen. Ihr Job sind Katzen.*

Den Katzen bedeutete das Geld nichts. Sie wussten nichts über Jobs oder darüber, wie viel besser ich schlief, seit ich immer pünktlich die Miete bezahlen konnte. Vor meiner Kündigung setzte ich mich manchmal vor der Arbeit zu den Katzen in die Auffahrt, beobachtete François, der tollpatschig mit seinem eigenen Schwanz spielte, und dachte voller Neid: *Er weiß nicht einmal, was eine E-Mail ist.*

Aber die Katzen, alle Katzen, lebten wie ich im Kapitalismus. Geld bestimmte ihr Leben genauso sehr wie meins: All die Tage ganz am Anfang, an denen ich mir kein Katzenfutter hatte leisten können, all die Monate, die ich sie nicht zum Tierarzt gebracht hatte. Es war einfach, die Auswirkungen von Geld zu ignorieren, solange ich die Katzen als Tiere sah. Sie hatten keine Jobs oder Bankkonten, kannten keine Vermögensübertragung. Sie begriffen nicht, dass ihre neuen Katzenbetten von dem Geld gekauft waren, das mir die T-Shirts mit ihren Gesichtern eingebracht hatten. Es war leichter, darüber nachzudenken, wenn ich mich daran erinnerte, dass ich selbst ein Tier war und in einem System lebte, das sich oft feindselig anfühlte.

Wie oft ich mir wünschte, ich könnte den Katzen vermitteln, dass sie nur etwas besonders Niedliches vor der Kamera machen mussten, damit ich ihnen in diesem Monat mehr Leckerli kaufen konnte. Oder dass ich nur deshalb an manchen Abenden nicht da war, weil ich noch anderen Katzen helfen musste. *Nicht alle Katzen sind so reich und berühmt wie ihr*, erklärte ich François, stupste seine pinke Nase mit dem Finger an und erntete einen verwirrten Blick. Ich dachte daran, wie dünn er in den ersten paar Monaten gewesen war.

Geld bestimmt alles: ob Katzen eine grundlegende medizinische Behandlung bekommen, ob sie regelmäßig zu fressen haben, ob sie im Haus auf weichen Betten schlafen oder sich in dunklen Gassen vermehren und im Müll nach Resten wühlen. Es gibt Hauskatzen, und es gibt Streuner, und manchmal wirken sie wie zwei verschiedene soziale Klassen derselben Spezies.

Ich bin überzeugt, dass die Schere zwischen ihnen größer wird.

Es gibt Katzen mit eigenen Social-Media-Accounts, die an der Leine oder in Wägelchen spazieren geführt werden, die einen Schrank voller Katzenkleider haben und mit Bio-Rohkost ernährt werden. Es gibt Katzen, deren Besitzer das Geld für eine Katzen-Chemotherapie oder auf dem Schwarzmarkt erhältliche Medikamente gegen seltene Katzenkrankheiten einfach so aus dem Ärmel schütteln, um ihr Haustier ein Jahr länger am Leben zu erhalten. Und überall in der Stadt, in Hinterhöfen und auf Parkplätzen, gibt es sterbende Katzen. Katzen, die um Futter betteln, die ständig neue Junge kriegen, die nie in einem Katzenbett schlafen oder eine Tierarztpraxis von innen sehen werden.

Tim präsentierte mir gern Ideen für neue Videos, meistens absichtlich absurd. *Wie wär's damit: Du hebst das ganze Geld ab, das du diesen Monat auf TikTok verdient hast, und dann wirfst du es in kleinen Scheinen in die Luft.*

Ich wollte etwas entgegnen, aber er hob den Finger, um zu signalisieren, dass er noch nicht fertig war.

Und dann, fuhr er fort, *wälzt François sich darin.*

Eines der Straßenkatzen-Projekte, bei denen ich mich inzwischen ehrenamtlich engagiere, betreibt einen digitalen Stadtplan, auf dem Orte mit besonders vielen Streunern mit kleinen Katzensymbolen markiert sind. Das Muster ist eindeutig: Die Markierungen häufen sich besonders in den ärmeren Vierteln. Der Süden der Stadt ist so voll mit Katzensymbolen, dass sie sich auf der Karte überschneiden. Dasselbe in den westlichen Stadtgebieten mit den vielen Trailer Parks und im Osten, hinter dem Stützpunkt der Airforce, wo es keine günstigen Tierarztpraxen gibt.

Im Norden, in den Ausläufern der Catalina Mountains, wo Häuser eine Million Dollar kosten und direkt in die Felsen gebaut sind, gibt es keine Markierungen.

Ein Jahr nach dem Thanksgiving-Video lieferte ich jeden Monat Futterspenden an dreiundzwanzig verschiedene Adressen, an Menschen, die sich alle Mühe gaben, Streunern zu helfen, es sich aber nicht leisten konnten. Auch viele Katzen transportierte ich: Ich brachte Kätzchen aus dem Süden zu Pflegestellen im Norden, holte Katzen aus überfüllten Tierheimen in der Nähe der Landesgrenze ab und fuhr sie zu Auffangstationen in wohlhabenderen Gegenden. Mein Auto war neu. Als das alte endgültig den Geist aufgegeben hatte, leistete ich mir ein neues, einen SUV, weil darin Fallen mit mindestens zehn Katzen Platz hatten. In weniger als einem Jahr hatte sich mein Leben in materieller Hinsicht drastisch verändert, und das lag an den Katzen, am Internet, an einem aus Jux und Tollerei zusammengeschnittenen Video. Das alles erschien mir willkürlich, besonders die Tatsache, dass mir die Katzen überhaupt in den Schoß gefallen waren. Je mehr ich über die Katzen nachdachte, umso mehr dachte ich auch über Geld nach. Und je mehr ich über Geld nachdachte, umso mehr dachte ich an Katzen.

Vor den Katzen hatte ich auch ständig an Geld gedacht, wenn auch nicht immer bewusst. Ich wachte aus einem Traum auf, in dem ich vergessen hatte, eine Rate für eine alte Arztrechnung zu bezahlen, und im Krankenhaus nun wieder aufgeschnitten und mir Organe als Pfand entnommen wurden. In meinem Kopf war Geld endlich und schlecht, eine abstrakte Zahl, die vierzehntägig auf meinem Konto einging und sofort wieder verschwand, verteilt auf tausend Rechnungen. Geld, das waren Ziffern in Kolonnen, und es war nie genug.

Aber als ich dann Geld hatte, dachte ich plötzlich noch mehr darüber nach. War es überhaupt möglich, so viel Geld zu haben? Konnte ich alles wieder verlieren? Hatte es mich auf grundlegende Weise verändert? Während ich dank meines skurrilen Internethypes meine Rechnungen bezahlen konnte, wurde ich Zeugin ungeahnten Elends: Stadtteile, in denen ich Katzen fing, Häuser, die Spuren von einer generationenumspannenden Armut trugen. Ich hatte all die Jahre, in denen ich mich selbst als pleite bezeichnet hatte, keine Ahnung gehabt, wie viel schlimmer es sein konnte. Geld machte mich so nervös wie nie zuvor. Endlich hatte ich welches – und konnte es jederzeit wieder verlieren.

Ich wollte meine Zeit nicht damit verbringen, schwankende Followerzahlen im Auge zu behalten. Ich wollte nicht ständig eine Kamera in der Hand haben. Manchmal floppte ein Video, und ich bekam ein flaues Gefühl im Magen. Das war's, mein Moment war vorbei, ich hatte so viel Geld verdient, wie es mir möglich war, und jetzt konnte ich mein restliches Leben überlegen, wie sich meine Karriere noch retten ließ. Wie sollte ich mich je wieder irgendwo bewerben, mit dieser Lücke im Lebenslauf, in der ich nur *Katzeninfluencerin* gewesen war? Wie lange würde das Geld reichen? Ich bekam Albträume, in denen François entführt und Lösegeld für ihn gefordert wurde, sein verwirrtes kleines Gesicht schaute mich von irgendwo aus dem Dunkeln an. Ich hatte nicht genug Geld, um ihn freizukaufen. Ich hatte alles ausgegeben.

Die Hälfte meiner Zeit verbrachte ich damit, mich selbst davon zu überzeugen, dass ich es verdiente. Dass ich für das, was mir da widerfuhr, gearbeitet hatte.

Die andere Hälfte der Zeit staunte ich darüber, dass das jedem hätte passieren können und dass, wenn es nicht mich getroffen hätte – im richtigen Moment, in genau diesem Haus mit all den Katzen –, alles noch beim Alten wäre: mein unterbezahlter Job, meine wachsenden Schulden, mein uraltes Auto, das jeden Morgen schlechter ansprang.

Mein tägliches Leben, jeder einzelne Morgen mit den Katzen in der Auffahrt, erforderte eine ständige Versöhnung dieser beiden Tatsachen. Dass er sich für mich erfüllt hatte, der amerikanische Traum. Dass ich ihm genauso gut zum Opfer hätte fallen können, beinahe gefallen wäre und jederzeit noch fallen könnte.

Diesmal war es nicht das Imposter-Syndrom, das mich ununterbrochen meinen Wert infrage stellen ließ. Es war ein ehrlicher Zweifel, ein Wissen darum, dass im Kapitalismus nur deshalb einige von uns sich durchsetzen, weil andere es nicht tun. Galt das auch für Katzen? Auf einmal musterte ich François wie ein Mitglied der herrschenden Klasse. Mein ganzer Erfolg, mein Lebensglück, meine Stabilität, meine Katzen: all das war eine Normabweichung. Jeden Tag, bei jeder Rechnung, die ich bezahlte, fragte ich mich: *Verdiene ich das? Verdiene ich das? Verdiene ich das?*

In dieser Geschichte überleben die Katzen nicht

Als Dr. Big Butt starb, konnte ich es nicht fassen. In meinem Kopf hatte ich seine Geschichte schon geschrieben: Er war zutraulich, ich würde ein Zuhause für ihn finden, und wenn er einmal starb, dann, weil er alt war, am Ende eines glücklichen Haustierlebens voller Katzenminze, warmen Betten und Leckerli. Und dann war seine Geschichte vorbei, einfach so. Es ging mir nicht in den Kopf. Ich glaubte wirklich nicht, dass er tot war. Es ging so weit, dass ich mir Sorgen um meinen Verstand machte.

Das kann eine normale Manifestation von Trauer sein, erklärte mir meine Therapeutin. Das Wort Trauer klang nicht richtig. Er war eine große rote Katze.

Aber er ist nicht weg, sagte mein Gehirn.

Ein Jahr war es jetzt her, dass wir in das Haus gezogen waren, die Katzenkolonie war seit sechs Monaten stabil. Alle waren kastriert, viele der zahmeren Katzen hatten schon ein Zuhause gefunden. Die übrigen, darunter auch Dr. Big Butt, waren gesund. Sie hatten zugenommen. Eine gewisse Routine war eingekehrt, der erste Schock darüber, plötzlich dreißig Katzen zu haben, hatte sich gelegt, und es fühlte sich an, als hätte ich es nach all dem Chaos endlich geschafft. Wir waren über den Berg. Ich hatte sie gerettet.

Wir hatten in diesem ersten Jahr schon Katzen verloren. Stephanie, eine süße, flauschige schwarze Katze, war von einem Auto angefahren worden und sofort gestorben. Drei weiße Kätzchen waren den Kojoten zum Opfer gefallen. Andere – BeeBee, Rihanna, TimCat – verschwanden einfach und tauchten nie wieder auf, und ich erzählte mir Geschichten über sie, in denen sie in einem liebevollen Zuhause gelandet waren, von irgendjemandem entdeckt und aufgelesen. Alles andere wollte ich mir nicht ausmalen.

Ich wusste nicht, wie ich diese Verluste betrauern sollte. Ich hatte das Gefühl, als dürfte ich es nicht. Es waren zu viele Verluste in zu kurzer Zeit, noch zu viele Katzen zu retten, und meine ganze Kraft ging dafür drauf, über diese Tode hinwegzukommen und den nächsten zu verhindern. In diesem ersten Jahr trug ich eine tiefe unterschwellige Katzentrauer mit mir herum, aber es gab keine Zeit, sie zu verarbeiten, keine Gelegenheit, Pfotenabdrücke zum Gedenken einzurahmen oder zu überlegen, was ich hätte anders machen können. Als Stephanie starb, nahm ich mir genau fünf Minuten zum Weinen. Ich stellte einen Timer. Nach vier Minuten und neunundfünfzig Sekunden hielt ich den Timer an, damit der Alarm nicht losging. Ich wischte mir über die Augen. Ich machte weiter.

Aber das hatten wir alles hinter uns. Die ganzen kranken Katzen der ersten Zeit, die dürren, verkrusteten, verletzten Katzen: Dr. Big Butt war keine von ihnen. Er war immer gesund und stämmig gewesen, schon als wir ihn gefunden hatten. Er war ein riesiger roter Kater mit einem riesigen roten Schädel, und er rammte mich gerne, verpasste mir mit aller Kraft Kopfstöße. Er liebte Katzenminze und knusprige Leckerli und saß gerne mit mir im Garten. Seine Nase war so rosa wie ein Radiergummi. Um ihn machte ich mir nie Sorgen.

Manchmal ist es mein Job, Kätzchen zu retten oder verwilderte Katzen einzufangen, um Routinebehandlungen vornehmen zu lassen, von denen ich weiß, dass sie ihnen das Leben retten. Manchmal liefere ich Katzenfutter aus, füttere Katzen, die seit Tagen nichts gefressen haben, und sehe zu, wie sie sich nach der Mahlzeit die Pfötchen lecken. Manchmal darf ich eine Katze sehen, der ich geholfen habe und die jetzt in der Sicherheit eines Hauses lebt, oder eine ganze Kolonie, die ich eingefangen habe und der es jetzt gut geht, oder ein ehemaliges gerettetes Junges. Manchmal gibt es ein Happy End.

Manchmal ist es sehr viel trostloser. Wenn eine Katze überfahren wird, wenn eine Katze schwer verwundet ist, wenn eine Katze sehr alt und schwach ist und nicht mehr kann, sich ihrem Instinkt folgend irgendwo ein Loch sucht und wochenlang dortbleibt, wenn sie langsam dort stirbt, dort leidet, frierend, einsam und ungeliebt, dann ist es auch mein Job, diese Katzen einzufangen. Manchmal ist es mein Job, Katzen anzulocken, damit ich sie zum Tierarzt bringen kann, wo sie dann sterben.

In meinen pathetischen Momenten fühle ich mich wie eine Henkerin. Es ist egal, was der rationale Teil meines Gehirns sagt. Egal, was in den ganzen Kommentaren steht: *Du ersparst ihnen ihr Leiden.*

Das weiß ich.

Du schenkst ihnen ein sanftes Ende.

Ich weiß. Ich weiß es, und es fühlt sich trotzdem noch genauso schlimm an.

Oft stehe ich so früh auf, wie ich es eben schaffe, und mache mich an meine täglichen Katzenpflichten, an die Wäsche, das Schrubben, das Aufsammeln, bevor es zu heiß wird. Die ganzen morgendlichen Tierarztbesuche, die ganzen leeren Transportboxen in meinem Auto, die geputzt werden müssen. Mittags bin ich dann verschwitzt und erschöpft, ratlos, warum ich mir das alles antue, dann lege ich mich hin. Ich schlafe den ganzen Nachmittag unruhig, wache gerädert auf, belade das Auto, um bei Dämmerung loszufahren, wenn überall die Katzen rauskommen. Wenn all das Leiden wieder seinen Lauf nimmt.

Manchmal frage ich mich, ob sich so Rettungshunde fühlen, die darauf trainiert sind, Leben aufzuspüren, aber immer nur Leichen finden. Manchmal kommt es mir vor, als bestünde mein Job darin, meine täglichen Runden durch die Stadt zu drehen und nach Anzeichen für Elend Ausschau zu halten und dann einfach rumzustehen, unfähig, etwas dagegen zu unternehmen. *Das kann unmöglich gut für mich sein*, denke ich dann. So oft bin ich unendlich traurig.

Dr. Big Butt war leuchtend rot. Er hatte gelbe Augen. Ich habe das Bedürfnis, euch jedes kleine Detail über ihn zu erzählen, als würde ich ihn im Stich lassen, wenn ich ihn nicht perfekt heraufbeschwören könnte. Ich habe ihn schon einmal im Stich gelassen.

Später wurde ich wütend auf Leute, die nicht verstanden, wie leuchtend rot er gewesen war. Leute sagten, sie hätten auch eine rote Katze, aber dann zeigten sie mir eine Katze, und sie war blass, hellorange wie ein Pfirsichmilchshake. Dr. Big Butt war *orange* wie Kürbiskuchen, ein wunderschöner rostroter Kater. Fast war es, als wären diese Leute, die nicht kapierten, wie orange er gewesen war, schuld daran, dass ich ihn nicht hatte retten können. Als ob er, hätten sie nur die besondere Strahlkraft seiner Farbe gewürdigt, hätte überleben können. Am liebsten hätte ich diese Leute gepackt und geschüttelt, damit sie es begriffen.

Dr. Big Butt strahlte eine sanfte Ruhe aus, wie ein ausgeglichener kleiner Löwe. Sein Fell war immer sonnenwarm. Sein Name stammte aus einer Folge der Fernsehserie *Bob's Burgers*. Tim und ich hatten ihn in den ersten Wochen im neuen Haus aufgeschnappt, als wir schon wussten, dass es da draußen einen ganzen Haufen Katzen gab, aber noch nicht allen Namen gegeben hatten. *Was für ein grandioser Name*, sagten wir. *Wir müssen eine Katze Dr. Big Butt nennen.*

Ich weiß noch genau, an welcher Stelle wir damals in der Auffahrt saßen, ein Stück vom Haus entfernt, und die Katzen streichelten. Aus der Ferne hatten wir die große rote Katze schon gesehen, aber näher herangelassen hatte sie uns noch nicht. Gerade ging die Sonne unter. Und da kam der rote Kater auf uns zu, die Pfoten lautlos tapsend auf dem Bordstein, mit behäbig trägem Gang. Im orangerosa Licht der Sonne schien er zu strahlen, und als er näher kam, sagten Tim und ich gleichzeitig: *Das ist Dr. Big Butt.*

So viel ich durch die Arbeit in der Katzenrettung auch gewonnen habe – eine Gemeinschaft, ein Gefühl von Verwurzelung, einen selbstlosen Sinn außerhalb meiner selbst –, sie hat mir auch einen genauen Einblick in das Leid beschert, eine Erfahrung, um die ich nie gebeten habe.

Selbst wenn ich nicht gerade unter akutem Kummer litt, war ein latentes Leiden immer präsent. In der Theorie war mir klar gewesen, dass Tiere litten, aber jetzt hatte ich es selbst gesehen. Ich hatte es in meiner eigenen Auffahrt gesehen, wann immer entkräftete Katzen versucht hatten, das letzte Futter zu ergattern und ich mir nicht mehr leisten konnte. Ich hatte es überall in der Stadt gesehen, seit ich mich auch in anderen Vierteln in der Katzenrettung engagierte. Ich hatte alles gesehen, und immer, wenn ich das glaubte, sah ich etwas noch Schlimmeres. Sah Katzen, die an Ursachen starben, von denen ich mir keine Vorstellung gemacht hatte, halb tote Katzen, Anblicke, von denen mich noch monatelang Albträume quälten.

Ich war Zeugin eines schwindelerregenden Ausmaßes von Schmerz, Tod und Verwahrlosung geworden, und nachdem ich es einmal gesehen hatte, konnte ich keine Pause mehr machen, ohne mich schuldig zu fühlen, ohne das Wissen darum, dass die Katzen in jedem Moment, in dem ich ihnen nicht half, litten. Das Gefühl ähnelte Trauer, war aber diffuser, es war eine Trauer um jedes Tier, das je existiert hatte, Trauer über Dinge, die noch gar nicht passiert waren, die ich aber nicht würde verhindern können. Als schaute man sich immer und immer wieder die eine Szene aus *Bambi* an, in der die Mutter stirbt, als schlüpfte man in diese Emotion hinein und müsste fortan in ihr leben.

Als der diensthabende Tierarzt in der Notaufnahme der Klinik Dr. Big Butts Namen auf dem Formular sah, begrüßte er ihn mit den Worten: *Ah, ein Kollege*, und so albern das klingt, es gab mir das Gefühl, dass sie ihn ernst nahmen, dass er eine vernünftige Behandlung bekommen würde. Ein Kollege. Das habe ich nie vergessen.

Dr. Big Butt war ein dankbares Tier, eine der Katzen, die zu verstehen scheinen, wenn Menschen ihnen helfen wollen. Eine der ersten Sachspenden meiner Instagram-Follower war eine kleine gefütterte Matte. Kein richtiges Katzenbett, nur eine weiche Oberfläche aus Plüsch und Fleece. Als ich die in die Auffahrt legte, war Dr. Big Butt der Erste, der rüberkam. Er war zu groß für die Matte, aber das störte ihn nicht. Mit allen vier Pfoten quetschte er sich auf das enge Viereck, machte schnurrend den Rücken rund, streckte die Beine, rollte sich zum kleinsten Kreis zusammen, den er zustande brachte, und sein rotes Fell quoll über den Rand. Wochenlang lag er ständig auf dieser Matte, wälzte sich darauf, spreizte die Tatzen, wirkte ganz selig.

Als ich Dr. Big Butt auf dieser billigen Matte sah, auf diesem winzigen Stückchen Fleece, wurde mir klar, dass das vermutlich die erste weiche Unterlage seines Lebens war. Bis dahin hatte er jeden Tag auf dem Bordstein oder eingerollt auf der Erde geschlafen. Als er die Matte das erste Mal betrat, blinzelte er, als könnte er nicht fassen, dass etwas so weich, jemand so freundlich sein konnte. Einer Streunerkatze ihr erstes weiches Bett schenken: Ich konnte das Gefühl, das mir das gab, nicht beschreiben, aber ich wusste, dass nichts sich je damit würde messen können, wusste, dass ich alles tun würde, um es wieder zu fühlen, wusste, dass das jede noch so große Trauer wert wäre.

Ich habe schon in jeder Tierklinik der Stadt die Nacht verbracht. Ich habe dort Nächte mit geliebten Katzen verbracht, habe geschluchzt und sie angefleht zu überleben. Ich habe dort Nächte mit Katzen verbracht, die ich noch nie zuvor gesehen hatte, über die ich nichts wusste, außer dass sie im Sterben lagen, dass ich sie gefunden hatte und dass ich sie, wenn ich sie schon nicht retten konnte, zumindest nicht alleine würde gehen lassen.

Ich habe Katzen gefangen, die langsam an Krebs zugrunde gingen, die wegen Tumoren im Maul verhungerten, Katzen, die von Hunden angegriffen, für tot gehalten und liegen gelassen worden waren. Katzen mit blockierten Harnröhren und kaputten Nieren, Katzen, die aus unerfindlichen Gründen allergisch auf ihre eigenen Zähne reagierten. Unterkühlte und überhitzte Katzen.

Man mag nicht für möglich halten, wie unermesslich und vielfältig das Leiden ausfällt. Es ist mein Job, zu erfahren, wie schlimm es stehen kann, mich der Realität des Tierleids zu stellen, wie eine Wahrsagerin, deren große Last darin besteht, Tragödien voraussehen, aber nicht verhindern zu können. Deine behaglich in ihrem Bett eingerollte Hauskatze: Ich weiß alles, was ihr jemals zustoßen könnte.

Aber in diesen Nächten beim Tiernotdienst geht es nicht nur um die Tiere, um die klaffenden Wunden, die Not-OPs, das Sterben, sondern auch um die Menschen. Das schluchzende Paar, das mit einem Hund ankommt und nur mit einer Leine wieder geht, begleitet vom Klimpern der Marken am Halsband.

Ich dachte, ich würde mich noch perfekt erinnern, an diesen Morgen, an dem ich Dr. Big Butt sah und wusste, dass etwas nicht stimmte. Ich dachte, ich würde alles noch genau vor mir sehen: die Notaufnahme der Tierklinik, die Übernachtung, die Rechnungen, die ich absegnete, das Geld, das ich mir von einer Freundin borgte, mein Gebettel an der Rezeption, meine Bitte, nichts unversucht zu lassen, alles zu tun, alles, was nötig war. Ich dachte, ich würde mich an den Anruf erinnern. An das Gefühl seines Fells in meinen Armen.

Vielleicht hat die Trauer meine Erinnerung getrübt. Vielleicht habe ich auch versucht, es zu vergessen.

Es war noch finster, halb sechs Uhr morgens, als ich nach draußen ging und ihn sah. Dr. Big Butt, groß und rot, wie er in das grelle Licht des Carports blinzelte, das ich gerade angeknipst hatte.

Er kletterte aus einem der Katzenhäuser, die ich ihm besorgt hatte, und er war okay. Sein Kopf war okay, der vordere Teil seines Körpers war okay. Er kam auf mich zu, kroch aus dem Bett, um sein Gesicht an meins zu schmiegen. Das war der Moment, dieser Sekunden-vor-der Katastrophe-Moment, in dem die Zeit stehen blieb, über den ich später immer wieder nachdenken würde. Der letzte Moment, bevor ich es wusste. Er kletterte halb aus dem Würfel, groß, perfekt und rot, und dann sah ich es: Der hintere Teil seines Körpers funktionierte nicht.

Wie ich später erfahren würde, war es eine Art Embolie. Ein Pfropf. Etwas in seinen Blutgefäßen, das ihn sofort gelähmt, den hinteren Teil seines Körpers sofort zerstört hatte. Später würde ich den Fehler machen, im Internet zu recherchieren. *Extrem schmerzhaft für die Katze*, verriet mir Google. *Immer tödlich.*

Volle vierundzwanzig Stunden kämpfte der Tierarzt, um ihn zu stabilisieren. Aber umsonst. Am Nachmittag darauf fuhr eine Freundin mich zurück zum Tierarzt. Was für eine schreckliche Fahrt, in dem Wissen, wohin es ging. Es gab keine Alternative. Er litt.

Ich hielt ihn im Arm, schwer und orange, und küsste ihm die riesige Stirn. Ich fuhr nach Hause und weinte, bis ich mich übergeben musste.

Trauer fühlt sich für mich genau an wie Übelkeit, wie ein tief sitzender Schmerz in den Gliedern. Um meinen dreißigsten Geburtstag herum wurde bei mir eine Arthritis diagnostiziert, und als der Arzt mich bat, den Schmerz zu beschreiben, sagte ich, er sei genau wie Traurigkeit, dasselbe tiefe Knirschen, ein ständiges quälendes Mahlen.

Wohlmeinende Menschen aus meinem Freundeskreis hören sich meine Geschichten an, über die kranken Katzen, für die ich nächtelang wach bleibe, um sie einzufangen, die Katzen, die schon tot sind, wenn ich sie finde, und sagen so etwas wie *Das könnte ich nie.* Ich weiß nicht, wie ich erklären soll, dass ich es auch nicht kann. Die Leute betonen immer, wie hart das alles sein müsse, dabei habe ich gar keine besondere Härte an mir.

Ohne es zu wollen, habe ich mich fast komplett von der Realität meiner Erlebnisse distanziert. Ich kann mich von den

Dingen, die ich gesehen habe, vollständig abkoppeln. Das habe ich nach Dr. Big Butts Tod gelernt: mich selbst in zwei zu teilen, mein Gehirn abzuschotten, eine weitere Nacht beim Tierarzt zu überstehen, ohne dabei irgendwelche Erinnerungen zu schaffen. Man könnte mir eine Liste all der toten Katzen vorlesen, die ich einmal gekannt habe, jede einzelne, die ich nicht habe retten können, und ich hätte das Gefühl, etwas über das Leben einer Fremden zu hören. *Ganz schön viele tote Katzen*, würde ich denken. *Das muss hart sein.*

Ich habe Dinge gesehen, die ich hoffentlich nie wieder sehen muss. Ich weiß, ich werde noch Schlimmeres sehen. *Ich weiß nicht, wie du das aushältst*, sagen die Leute, und ich würde gerne entgegnen: *Ich auch nicht.* Ich heule genauso, wie du es würdest.

Manchmal nannten wir Dr. Big Butt nur DBB. Oder auch The Butt. Tim war immer schon vor mir wach, und manchmal weckte er mich mit einem Bericht über die Katzen. *The Butt ist draußen*, sagte er dann sanft und küsste mich auf die Stirn. Ich stand auf, nur um ihn zu sehen, nahm meinen Tee mit in die Auffahrt und wartete, dass eine große rote Katze angestapft kam und sich vor meinen Füßen zu Boden plumpsen ließ.

Als ich nur mit der leeren Transportbox ohne Dr. Big Butt vom Tierarzt kam, kroch ich ins Bett. Es war Mittag. Ich hatte nicht vor, jemals wieder aufzustehen, wusste nicht, was ich mit mir anfangen sollte, außer hier zu vermodern, schwer und traurig in die Laken zu schwitzen. Der Gedanke, aufzustehen, meinen Körper in Bewegung zu setzen und je wieder eine andere Katze auch nur anzusehen, war unmöglich.

Es dauerte Jahre, bis ich das Muster erkannte. Nach jedem Verlust, jeder Überforderung, kroch ich zurück ins Bett. Einmal war ein Straßenkater in einen Eimer Motoröl gefallen, komplett umhüllt abgehauen und langsam dahingesiecht, weil sein Organismus unter der Ölschicht die Sommerhitze nicht mehr regulieren konnte und von dem vielen Öl, das er sich aus dem Fell leckte, die Bauchspeicheldrüse versagte. Nächtelang kauerte ich in der Gasse, in der er lebte, und wartete auf ihn, um ihn einzufangen. Ich folgte den öligen Tatzenspuren im Staub. Ich habe ihn nie erwischt. Ich habe auch nie seine Leiche gefunden.

Nach Wochen erfolgloser Einfangversuche schrieb mir die Frau, die ihn fütterte: *Er holt sich kein Futter mehr. Es gibt auch keine neuen Spuren.*

Ich hatte mit einem Netz in der Gasse gelauert, jede Falle gestellt, die ich besaß, ich war über die Mauern zu Nachbargrundstücken geklettert, um ihn zu finden. Ich war übernächtigt und neben der Spur, völlig erschöpft. Jede Sekunde seines Leidens war meine Schuld.

Schluchzend lag ich auf dem Sofa, den Kopf auf Tims Schoß. *Ich will ins Bett und nie mehr aufstehen*, sagte ich.

Ich weiß, entgegnete er. *Das sagst du jedes Mal.*

Das konnte nicht stimmen. Jeder Verlust erschien mir auf einzigartige Weise unverschmerzbar, als hätte ich so etwas noch nie zuvor erlebt.

Echt?, fragte ich. *Und was mache ich dann?*

Du gehst ins Bett, sagte Tim. *Und irgendwann stehst du wieder auf.*

Ein Jahr nach Dr. Big Butts Tod, auf den Tag genau, stand ich mit einer anderen todkranken roten Katze im Notdienst derselben Tierklinik. Ich hatte nicht vorgehabt, zu bemerken, dass es sein Todestag war, hatte ihn mir nicht bewusst eingeprägt. Mein Handy erinnerte mich daran. Ich bekam eine Nachricht, in der es hieß: *Deine Erinnerungen von heute vor einem Jahr: Personen und Haustiere!*, und die Erinnerungen bestanden aus lauter Fotos von Dr. Big Butts Gesicht, von Dr. Big Butt in eine Decke gewickelt, von all seinen letzten Momenten.

An diesem Tag war ich zu einer anderen Katzenkolonie gefahren, eine mit Dutzenden von Tieren, wo ich angefangen hatte, immer fünf auf einmal einzufangen, um sie zum Tierarzt zu bringen. Diese Katzen hatten niemanden, der sie fütterte, niemanden, der auf sie aufpasste, weshalb ich mich mit ein paar anderen Freiwilligen abwechselte. Wir stellten große Futternäpfe ab, tauschten das Wasser aus und machten eine kurze Bestandsaufnahme, wie viele Katzen sich jeden Tag dort blicken ließen, wie vielen wir noch helfen mussten. An diesem Tag war ich dran.

Ich kannte die meisten Katzen, aber an diesem Tag, diesem blöden Jahrestag, an dem mein Handy vibriert und mich an meine tote Katze erinnert hatte, war da ein neuer Kater. Rot. Er hatte verfilztes Fell und bewegte sich langsam, irgendetwas stimmte nicht mit ihm. Ich begutachtete ihn schnell, um abzuschätzen, wie schlecht es um ihn stand, ob ich ihn gleich fangen sollte oder es bis morgen warten konnte, als er plötzlich den Kopf drehte und ich sie sah: eine furchtbar tiefe Wunde, über den ganzen Hals klaffend, vereitert und nekrotisch. Ich würde gerne behaupten, dass das etwas mit mir machte, dass der Anblick mir Übelkeit bereitete. Aber das tat er nicht. Ich hatte so etwas schon gesehen, bei so vielen Katzen, so viele Male. Ich empfand nur Erschöpfung und eine elende, ausfransende Traurigkeit.

Der Kater lief geradewegs in die Falle. Er starb beim Tierarzt. Er war groß und rot, und ich konnte ihn nicht retten.

Später würde ich auch noch eine rote Katze namens Karl Havoc verlieren. Ich würde Jürgen verlieren, den sanften schwarzen Kater, der eines Tages in der Auffahrt stand und nicht mehr wegging. Ich verlor Katzen, die unsterblich gewirkt hatten, von denen ich es nie für möglich gehalten hätte. Die Trauer wurde leichter, die meisten waren schon älter, ihre Zeit war gekommen, sie schliefen friedlich in meinen Armen ein. Und inzwischen sollte ich mich doch daran gewöhnt haben, aber die Trauer häufte sich noch immer an, jedes Mal ein weiterer Stein in einer großen Mauer, die ich in meinem Kopf errichtete.

Ich versuchte, Katzen zu retten, die Lichen und Lobsterfest und Blueberry und Disco hießen, und jede einzelne von ihnen ist inzwischen tot. Ich versuchte, Katzen zu retten, und bevor ich überhaupt Gelegenheit bekam, ihnen einen Namen zu geben, starben sie.

Ich habe eine beachtliche Zeit meines Lebens damit verbracht, mich gegen Erlösungserzählungen zu sperren. Die Vorstellung, dass alles aus einem Grund geschieht, dass traumatische Erlebnisse einen Sinn haben, weil wir an ihnen wachsen – damit konnte ich mich nie abfinden. Ich war einen Großteil meiner Kindheit krank, einen Großteil meines Erwachsenenlebens ging es mir nicht gut, und nichts davon hat mich zu einem besseren Menschen gemacht. Es trieb mich in den Wahnsinn, wie die Leute versuchten, mein Unglück mit Bedeutung aufzuladen. *Manchmal sind schlimme Sachen einfach schlimm*, erklärte ich immer wieder. Am liebsten hätte ich es von allen Dächern geschrien.

Ich würde gerne behaupten, ich hätte die rote Katze, die ich ein Jahr später fand, gerettet. Ich würde gerne behaupten, dass ich mich dadurch besser fühlte, durch all die roten Katzen, die ich im Gedenken an Dr. Big Butt rettete. Und ganz besonders gerne würde ich behaupten, dass es sich lohnt und ich jedes Mal, wenn ich mich im Bett verkrieche, weiß, dass ich auch wieder aufstehen werde. Aber das stimmt nicht. Vielmehr muss ich jedes Mal, wenn ich mich im Bett verkrieche, eine Niederlage eingestehen, mich von ihr verzehren lassen, absolut überzeugt, dass es sich diesmal nicht lohnt, wieder aufzustehen.

Er ist geliebt worden, sagen die Leute immer wieder, als könnte mir das meine Trauer nehmen.

Du warst in seinen letzten Momenten für ihn da, sagen sie, als machte es das nicht nur noch schlimmer. Als könnte ich seine gequälten, röchelnden Atemzüge jemals vergessen.

Ich wollte die Geschichte, wie ich Dr. Big Butt verloren habe, nie erzählen, als hätte sie ein Happy End, als hätte sein Tod mich inspiriert, all diese andere Katzen zu retten. Für mich bleibt sein Tod sinnlos und unerbittlich, und keine Katze nach ihm wiegt das auf. Er ist gestorben, und ich habe trotzdem weiter Katzen gerettet. Er ist gestorben, obwohl er nicht hätte sterben sollen.

Ich habe schon überlegt, mir einen Sticker für mein Auto machen zu lassen: *Meine Katze ist gestorben, und nein, es hat mich nicht zu einem besseren Menschen gemacht!*

Meine Katze ist gestorben, und alles, was mir das gebracht hat, ist bitterer Groll. Meine Katze ist gestorben, und alles, was es mir gebracht hat, ist diese tiefe, zermürbende Traurigkeit.

Als Dr. Big Butt nicht mehr da war, sah ich ihn weiter in der Auffahrt. Daran war nichts verrückt. Er war eine Katze gewesen, und vor dem Haus liefen immer noch Dutzende davon herum. Bei jeder Pfote, jedem Schwanz, jeder noch so kleinen Bewegung dachte ich, er sei es.

Das Einzige, was mir von ihm blieb, war ein einzelnes Schnurrhaar und ein Abdruck seiner perfekten rosa Nase. Wochenlang noch fand ich überall im Garten Reste seines roten Fells. Monatelang fragte ich mich, ob ich Zeichen übersah, die er mir gab. Er würde mir doch sicher ein rotes Kätzchen schicken, das ich retten konnte, einen orangen Schmetterling, der auf meiner Hand Platz nahm, ein oranges Blatt, das auf meine regennasse Windschutzscheibe fiel, während ich weinend im Auto saß. Ich fühlte mich dämlich, weil ich mir das wünschte, weil mein blödes Hirn so verzweifelt einen Sinn in der Trauer suchte. Am Abend setzte ich mich auf einen Stein im Garten vor dem Haus, wo Dr. Big Butt immer auf meinen Schoß gehüpft war und seinen großen orangen Kopf fest gegen meine Hand gedrückt hatte, und dann weinte ich, bis meine Augen geschwollen waren, weinte, bis sich die Tränen an meinem Kinn sammelten. Ich blickte in den Himmel und versuchte, seine Anwesenheit zu spüren.

Das ist Jahre her. Ich bitte ihn immer noch, mich heimzusuchen.

Ich habe Angst, dass ich Dr. Big Butt oranger in Erinnerung habe, als er in Wirklichkeit war. Ich habe ihn so rostrot und riesig vor Augen, anders als jede andere Katze, die je gelebt hat. Nur ganz selten schaue ich mir Bilder von ihm an – das bringt mich zum Weinen –, und in meinem Kopf ist er so unermesslich groß geworden, so symbolisch für mein Bild von Trauer, Verzweiflung und Wieder-aus-dem-Bett-Kommen, dass er gewaltige Ausmaße angenommen hat, mit Farben, die Katzen überhaupt nicht haben. Auf Fotos ist er ein normaler rötlicher Kater. In meiner Erinnerung läuft er immer noch bei Sonnenuntergang auf mich zu.

Es ist so schwierig, sich ein positives Verhältnis zu einer Welt zu bewahren, in der Hoffnung sich so dumm anfühlt. Ich habe meine ganze Hoffnung in kleine Katzenkörper gesteckt, in Katzen, die ich gerettet habe, deren Verwandlung ich verfolgen durfte, Katzen, die nur noch dank der Fürsorge durch bemühte Menschen am Leben sind. Ich habe mein ganzes Weltbild an sie geknüpft, an diese Katzen und daran, was es für einen Unterschied macht, sich einen Moment Zeit für sie zu nehmen, wie zufrieden sie aussehen, auf der ersten weichen Unterlage ihres Lebens. Und wenn sie sterben, erschüttert mich das. Es treibt mich ins Bett. Keine Version von mir könnte je genügen, um jede einzelne von ihnen vor allem Leid zu bewahren, und das quält mich, es zermürbt mich und raubt mir den Schlaf.

Ich will nicht, dass mein Hauptgefühl Verzweiflung ist.

Ich überlege, was für eine Emotion das eigentlich ist, die mich weiter antreibt.

Manchmal glaube ich, es ist ein Kleinsein, im Guten wie im Schlechten. Wie klein ich mir vorkomme, angesichts des Ganzen: des Leids, der enormen Masse hilfsbedürftiger Katzen, der Aussichtslosigkeit, alle retten zu können. Wie klein ich mir unter den Katzen vorkomme, als wäre ich nicht größer als sie. Wie klein der Moment war, in dem Dr. Big Butt auf seinen großen roten Pfoten angestapft kam, sich an mich lehnte und die Augen schloss, als wollte er mir etwas Heiliges übermitteln. Wie sehr mich das weitermachen ließ.

Müll

Ich bekam einen Anruf wegen eines verletzten Kätzchens.

Der Anrufer sagte, das Kätzchen sei so dürr, dass man die Wirbelsäule sehen könne. Ich wusste nie, was genau mich erwartete, wenn ich solchen Anrufen folgte. Mit *Kätzchen* bezeichneten Leute alles von einem vor wenigen Stunden geborenen Jungen bis zu einer einjährigen Katze, und *verletzt* konnte eine kleine Blessur bedeuten oder so gut wie tot.

Ich wusste nicht einmal, wo ich eigentlich hinfuhr: Ich tippte einfach eine Adresse ein und ließ mich von meinem Handy lotsen, das Auto voller Fallen und Transportboxen, Thunfisch und Handtücher, Wasser, Handschuhe und Ersatzmilch für Kätzchen. Ich wusste nie, ob ich zu einer Wohnanlage unterwegs war, zu einem Gewerbe, einer Mülldeponie oder einem Haus, auch nicht, wer dort auf mich warten und wie es laufen würde. Irgendwann hatte meine wiederholte Erfahrung mit solchen Situationen jede frühere Nervosität ausgelöscht. Es hatte keinen Zweck, nervös zu sein: Dort war eine Katze, die Hilfe brauchte, und hier war ich, und alle anderen möglichen Umstände lösten sich in Luft auf, sobald ich den Abstand zwischen uns überbrückte.

Das Kätzchen befand sich in einer Apartmentanlage im östlichen Stadtgebiet. Der Anrufer wartete auf dem Parkplatz. *Jetzt find ich sie nicht mehr*, sagte er, während er unter einen weißen Pick-up kroch und in den Motorraum spähte. *Ich glaub, sie war da drin, als ich den Truck angelassen habe.*

Die Anlage hieß Desert Palms und war verlassen. Oder sah zumindest so aus: Die Fenster waren verrammelt, die Müllcontainer quollen über, der Maschendrahtzaun um das Gelände war besprüht und zerschnitten, mit menschengroßen Löchern, wo die Drähte auseinanderklafften. Auf den Wegen zwischen den Häusern waren Zelte aufgespannt, am Müllcontainer stapelten sich Matratzen, überall lagen Glasscherben. Die Gebäude selbst wirkten unbewohnbar.

Mein Job bestand darin, zu denken wie eine Katze.

Ich hatte das oft genug gemacht, um genau zu wissen, wo ich nachsehen musste. Ich suchte unter den Autos auf dem Parkplatz, im Müllcontainer, im Dunkeln unter den Paletten, auf denen der Container stand. In allen entsorgten Matratzen, die aufgebissen waren und aus denen die Sprungfedern quollen. Am Rand des Parkplatzes verlief eine lange Reihe dichter Büsche. Ein weiterer Zaun, in der Erde darunter katzengroße Löcher. Überall Müll. Ich suchte weiter.

Was ich fand, war ein ganzer Haufen anderer Katzen. Erst an die zehn, dann sah ich immer mehr: Sie schliefen im Schatten des Gebüschs, stoben unter jedem Auto hervor. Der Boden war übersät mit Abfall, dazwischen lag verstreut Katzenfutter. Die Katzen wühlten herum, stupsten alles an, auf der Suche nach dem Trockenfutter zwischen den Fast-Food-Verpackungen, Styroporbechern und Zigarettenstummeln. Auf der anderen Straßenseite stand ein Haus mit kaputtem Zaun, dem Garten voll Müll – und noch mehr Katzen. Von dem Kätzchen allerdings fehlte jede Spur. Mich packte das mulmige Gefühl, das sich fast immer einstellte, wenn ich einem Hilferuf folgte. Das Gefühl sagte: *Hier gibt es ein viel größeres Problem.*

Dem Mann, der mich wegen des Kätzchens angerufen hatte, schien es peinlich zu sein, dort zu wohnen. Er lebe bei seiner Mutter, nur für eine Weile.

Wir versuchen, unter uns zu bleiben, sagte er mehrmals, als ich ihn nach den anderen Leuten fragte und wer vielleicht die Katzen fütterte oder etwas über das Kätzchen wissen könnte.

Die Leute hier …, setzte er an, schien es sich dann aber anders zu überlegen. *Keine Ahnung. Das ist ein ziemlich kaputter Ort. Wir wollen hier raus.*

Ich beobachtete die Katzen eine Weile. Es war Hochsommer, 45 Grad.

Die Wohnungen haben kein fließendes Wasser, sagte der Mann beinahe entschuldigend, und ich begriff, dass in den Gebäuden, die ich für verlassen gehalten hatte, Menschen lebten. Es sah aus, als hätte jede Wohneinheit einmal eine Klimaanlage gehabt, aber die meisten waren inzwischen gestohlen worden, in den Mauern klafften rechteckige Löcher. Aus einem sah ich eine Kakerlake hervorkrabbeln. Die Katzen stöberten um den Müllcontainer herum, ich betrachtete die Glasscherben unter ihren Pfoten. Das Kätzchen fanden wir nicht.

Als ich am Abend nach Hause kam, googelte ich Desert Palms. Die Anlage war vor Kurzem von einer einige Staaten weiter ansässigen Immobilienverwaltung gekauft worden. Die Bilder auf deren Website zeigten keine vernagelten Fenster oder Schrottautos. Dort war die Rede von bewachten Wohneinheiten. Man konnte mit einem Klick 2.500 Dollar Kaution zahlen und ein Apartment mieten, ohne das Gebäude je gesehen zu haben.

In diesem Monat fuhr ich noch ein paarmal nach Desert Palms, ohne einen Plan, nur, um mir die Katzen anzuschauen und die Lage auszuloten. Zwischen dem Parkplatz und dem Garten auf der gegenüberliegenden Straßenseite tummelten sich bestimmt fünfzig Katzen. In den Büschen lagen Spritzen, im Dunkeln liefen viele Leute herum. Manchmal kam jemand auf mich zu, der dort lebte, in den Apartments oder den Zelten davor, und ich erstarrte, fühlte mich ungebeten und bekam Angst.

Die Wohnungen hatten tatsächlich kein fließendes Wasser. Zwei Mieter verklagten die Eigentümer. Ein weiterer versuchte, die Stadt zu verklagen. Die Hälfte der Einheiten stand leer, wenn auch oft nicht die, von denen man es erwartet hätte. In den Wohnungen ohne Türschlösser und nur mit Sperrholz dürftig vernagelten Fenstern lebten Menschen. Zahlten sie Miete? Waren sie Hausbesetzer? Ich fragte nicht.

Vor Kurzem hatte die Stadt eine groß angelegte Zwangsräumung durchgeführt, und alle, die rausgeworfen worden waren, wohnten jetzt entlang der Straße in ihren Autos. Alle, die ich dort traf, berichteten mir davon – *Die Autos und Zelte sind von den Leuten aus den leeren Apartments* –, aber irgendwie konnte ich es trotzdem erst glauben, als ich Peggy traf, eine Frau in den Siebzigern, die über eine Gehhilfe gebeugt lief. Sie lebte in einem weißen Auto mit eingeschlagener Windschutzscheibe. Einmal fragte sie mich, ob ich ihr einen Kanister Wasser bringen könne, ein anderes Mal, ob ich ihr helfen könne, einen Eimer zu finden, um ihr Geschäft zu verrichten.

Mein Job waren Katzen, damit kannte ich mich aus, aber hier waren die meisten Katzen in einem besseren Zustand als die Menschen. Wenn ich es sonst mit einer Streunerkolonie zu tun hatte, konnte ich einfach alle Katzen einfangen, sie zum Tierarzt bringen und der Person, die sie versorgte, bei den Futterkosten unter die Arme greifen. Damit war die Sache erledigt, ein weiterer Job abgehakt. Aber in Desert Palms wusste ich nicht, wo ich überhaupt anfangen sollte.

Auf TikTok verpasste ich jeder neuen Kolonie einen Namen. Die Namen waren albern: Es gab die Big-Cheddar Kolonie, in der alle Katzen Käsenamen trugen; die Sturm-Kolonie, wo wir die Katzen Windsock, Cold Front und Downpour Mike nannten; die Diet-Coke-Kolonie, wo ein Kätzchen aus einem Schuppen spaziert war und sich neben eine Dose Cola Light gesetzt hatte, die genauso groß war wie es selbst.

In den Chats mit den anderen Ehrenamtlichen sprachen wir von der Desert-Palms-Kolonie, aber auf meinem Kanal wollte ich den konkreten Ort nicht preisgeben. Keine der Katzen hatte bisher einen Namen. Sie alle verband nur eins: die riesigen Mengen Müll, die sich zwischen den Büschen häuften und über den Parkplatz verstreut lagen, die Berge von Abfall, zwischen denen sie lebten. Also wurde das zu ihrem Namen: die Müll-Kolonie. Die Katzen, die drei identischen schwarzen, die verkrusteten Kätzchen, die kleine Dreifarbige, die Dutzend von rot getigerten, bezeichneten wir als die Trash Pals.

Die meisten der Katzen in Desert Palms schienen von dem Haus auf der anderen Straßenseite zu kommen. Wobei man es kaum mehr als Haus bezeichnen konnte. Offensichtlich hatte das Gebäude irgendwann einmal gebrannt, war vom Feuer schwer in Mitleidenschaft gezogen und von der Stadtverwaltung als baufällig eingestuft worden. Auf der Sperrholzplatte an der Haustür klebte noch der neonorangefarbene Zettel, den die Feuerwehr angebracht hatte: UNBEWOHNBAR.

Ein provisorischer Zaun aus zusammengewürfelten Brettern und Spanngurten versperrte den Zugang zum Grundstück, aber ich konnte einen Blick durch die Ritzen werfen. Der Garten war voller Katzen. Ich zählte zehn, zwanzig, dreißig. Er war auch voller Müll. In einer Ecke des Gartens häuften sich Bierdosen, alte Autoreifen und undefinierbare Plastikteile. Rostiges Metall. Bergeweise verkohltes Holz. Unrat. Hierher kamen die Katzen also.

Das Haus war bewohnt, trotz der Warnung an der Tür. Die Nachbarn erzählten uns von ihm. Richard. *Sein Haus ist abgebrannt, er kann sonst nirgends hin.*

Als ich Richard begegnete, drohte er sofort, mich umzubringen. Zu diesem Zeitpunkt hatte ich meine Ansprache perfektioniert. Ich wusste genau, wie ich es anstellen musste, auf völlig Fremde zuzugehen, vorzuschlagen, alle Katzen für sie einzufangen und kastrieren zu lassen. Ich wusste, wie ich an die nötigen Informationen kam – *Sind auch noch Katzen im Haus? Sind sie gesund? Haben sie Junge? Wie viele Tiere insgesamt? Gibt es Katzen, die dringend medizinische Versorgung brauchen?* –, und zwar wertfrei, ohne die Leute zu verprellen. Ich hatte in meinem Leben viel Zeit damit verbracht, soziale Kompetenzen vor dem Spiegel einzustudieren, und plötzlich machten sich diese Rollenspielerfahrungen bezahlt: Ich konnte mich inmitten fünfzig hungriger Katzen ganz locker mit der Person unterhalten, die sie versorgte, konnte klingen, als wäre alles in bester Ordnung, als müsste ich mich nicht beinahe vom Gestank übergeben. Ich konnte jeden beschwatzen, einfach mit ein paar Katzen anzufangen – *Lassen wir doch erst mal die beiden hier kastrieren und kurz untersuchen, und dann schauen wir weiter* –, und bekam am Ende alle fünfzig zum Tierarzt.

Aber bei Richard wirkte das nicht. Er sagte, er werde mich umbringen, wenn er mich je wieder im Viertel sehe. Er könne niemanden brauchen, der sich an seinen Katzen zu schaffen mache. Ich hatte einen Zettel mit meiner Nummer an seinem Zaun hinterlassen, und in den Nachrichten, die er mir am Abend schrieb, komplett in Großbuchstaben und ohne Interpunktion, wirkte er ziemlich wirr.

DIE KATZEN SIND OKAY, schrieb er. *KOMM NICHT WIEDER HER ICH WILL KEINEN ÄRGER ABER ICH WILL KEINE HILFE.*

Einen Monat lang tauchte ich ein paarmal die Woche bei der Müllkolonie auf und stellte den Katzen Futter und Wasser hin. Am einfachsten ging das, wenn ich gleich morgens hinfuhr. Bei Tageslicht fühlte sich die Gegend sicherer an, und Richard schlief normalerweise noch.

Mit dem Müllsammeln fing ich aus Notwendigkeit an. Es lag so viel herum, dass ich keine ebene Fläche für einen Wassernapf fand. Ich harkte den Abfall mit den Händen, stopfte Berge davon in die kleinen Müllbeutel, die ich inzwischen immer im Auto hatte. Die Katzen lebten in einer langen Reihe von Oleanderbüschen, die eher in Müll als in Erde wurzelten.

Ein Teil des Mülls waren Drogenutensilien, aber vieles zeugte auch von all den anderen Überlebensversuchen der Menschen: Fast-Food-Verpackungen, Wasserflaschen, Zahnbürsten, leere Paracetamol-Röhrchen. Leere Spirituosenflaschen und Batterien, alte Taschenlampen und einzelne Socken, alle möglichen, nicht mehr identifizierbaren nassen, verklebten Gegenstände.

Manchmal entsorgten Leute größere Sachen, Reifen, Pappkartons, alte Bürostühle, und manchmal beanspruchten die Katzen diese Sachen als Betten. Einmal kam ich mit meinem Futter und meinen Müllbeuteln und sah, dass jemand einen Haufen gerahmter Gemälde weggeworfen hatte und die Katzen darauf schliefen. Ich machte ein Foto, und eine Weile war das mein Bildschirmhintergrund: ein schwarzer Kater, den ich Dumptruck getauft hatte, schlummernd auf einem Seestück in einem angelaufenen Messingrahmen. Um ihn herum lauter Müll.

Das Müllsammeln hatte praktische, aber auch strategische Gründe. Genau genommen war ich nicht befugt, mich auf dem Gelände aufzuhalten, und obwohl sich bisher außer Richard niemand an mir störte, wollte ich keine Probleme. Die meisten Beschwerden über streunende Katzen beziehen sich auf den Schmutz, den sie hinterlassen, weshalb es mir wie grundlegende

Öffentlichkeitsarbeit erschien, nicht auch noch zum dort herrschenden Chaos beizutragen. Wer konnte behaupten, dass die Katzen ein Problem darstellten, wenn jeden Tag etwas weniger Müll auf dem Grundstück lag?

Es war auch ein Friedensangebot, der Versuch, den Menschen in Desert Palms mit meinen begrenzten Mitteln auf handfeste Weise zu helfen. Immer, wenn ich vorbeikam, um nach den Katzen zu sehen, erzählte mir irgendwer vom erbärmlichen Zustand der Apartments, wie unsicher die Gegend war, wie oft die Polizei vorbeikam. *Die verlangen neunhundert Dollar Miete von mir*, klagte eine Frau namens Crystal, *und jede Nacht versucht der Typ, der früher hier gewohnt hat, durchs Fenster einzusteigen.*

Es war unangenehm, mit meinem Auto voll Futter und frischem Wasser aufzutauchen und mich um die Katzen zu kümmern – auch Leckerli hatte ich inzwischen dabei, und Katzenminze –, ohne auch den dort lebenden Menschen etwas anzubieten. Ich war mir meines Unwohlseins bewusst und versuchte, ihm nachzuspüren – *Warum fällt es mir leichter, Tieren zu helfen als Menschen? Was sagt das über mich aus? Was erhalte ich hier aufrecht?* –, wusste aber auch nicht, was ich dagegen unternehmen sollte. Ich konnte nicht allen in Desert Palms jeden Tag Frühstück mitbringen. Ich konnte nicht ihre Miete bezahlen. Ich wusste nicht, wie ich ihr Wasser wieder zum Laufen oder ihnen neue Klimaanlagen besorgen sollte. Einmal schleppte Peggy sich mit ihrer Gehhilfe auf mich zu, heftiger humpelnd als sonst, und zeigte mir eine offene, faulende Wunde an ihrem Fuß. *Ich denke, ich schaffe es mit dem Bus zum Krankenhaus*, sagte sie, *nur kann ich dort die Behandlungskosten nicht zahlen.*

Ich starrte auf ihren Fuß.

Ich habe wirklich keine Ahnung, wie ich Ihnen helfen kann, sagte ich und hoffte, dass sie mir meine ehrliche Verzweiflung ansah.

Das Einzige, was ich tun konnte, war Müll sammeln, und das tat ich. Ich holte säckeweise aus dem Gebüsch, in dem die Katzen lebten, vom Parkplatz und von Eingängen zu den Apartments. Ich las leere Chipstüten auf, Zigarettenstummel und Bierdosen, Kondomhüllen, Zahnseidesticks, Gummischläuche und angekokelte Löffel. Wenn die Katzen aufgefressen hatten, nahm ich die Näpfe wieder mit. Ein Mann namens Howard saß immer vor seinem Apartment, oben ohne, rauchend. Einen Monat sammelte ich schon Müll, als er das erste Mal von mir Notiz nahm, beinahe widerwillig in Richtung meines Müllsacks nickte und sagte: *Dich hab ich schon öfter hier gesehen.*

Richards Drohung, mich umzubringen, stellte eine Hürde dar. Ich kam weiter vorbei, um nach den Katzen zu sehen, sie zu füttern und dafür zu sorgen, dass sie Wasser hatten, versicherte Richard aber jedes Mal, ich würde keine von ihnen einfangen. Ich würde sie nicht mitnehmen. Es ist eine schreckliche Unsitte, streunende Katzen zu füttern, ohne sie kastrieren zu lassen. Es lief meinem Engagement komplett zuwider. *Warum schickst du ihm nicht einfach den Tierschutz vorbei?*, schlug eine andere Katzenretterin vor. *Oder rufst die Polizei?*

Ich hatte keinen Plan. Richard schrieb mir immer noch lange, oft betrunkene Textnachrichten, in denen er mich bezichtigte, seine Katzen zu stehlen, selbst wenn ich an dem Tag nicht einmal in der Nähe von Desert Palms gewesen war. Ein Typ namens Cliff wohnte in seinem Auto vor Richards Haus, und eines Nachmittags fragte er mich, ob ich vielleicht Hundefutter hätte und ihm eine warme Mahlzeit besorgen könnte.

Ich unterhielt mich eine Weile mit ihm, während sein Hund zu unseren Füßen Trockenfutter knabberte. Cliff, den Mund voller Pommes, nickte mir kauend zu. *Von welcher Organisation kommst du? Ich meine, warum machst du das?*

Ach so, sagte ich. *Keine Organisation. Ich bin privat hier.*

Kennst du Richard?, fragte Cliff.

Ich nickte. *Er will mich umbringen.*

Cliff nickte ebenfalls. *Ich rede mit ihm. Ich sag ihm, dass du in Ordnung bist.*

Von nun an brachte ich immer Hundefutter mit, wenn ich die Katzen in Desert Palms füttern ging. Manchmal auch Frühstück für Cliff. Howard winkte jetzt jedes Mal freundlich. Peggy hatte mich gefragt, ob ich ihr ein paar Decken auftreiben könne, bevor es kälter wurde, und das tat ich.

Einen Monat war es her, dass ich die Katzen dort entdeckt hatte, einen Monat seit Richards erster Morddrohung, als ich einen Anruf bekam. Eine verworrene Nachricht auf der Mailbox. Die Stimme am anderen Ende klang dringlich.

> *Courtney. Richard hier, ähm, mit den Katzen. Hör zu, ich bin im Krankenhaus, vier Tage schon, ich weiß nicht, wann ich rauskomme. Niemand füttert die Katzen. Da sind noch welche bei mir im Haus. Kleine. Ich kann sie nicht füttern. Ich weiß nicht, wen ich anrufen soll, aber ich mach mir Sorgen um meine Katzen. Ich wollt dich nur fragen, ob du vielleicht die Katzen füttern könntest, bis ich wieder rausdarf. Tut mir leid, dass ich anrufe. Ich weiß nicht, wen ich sonst anrufen soll. Tut mir leid.*

An diesem Abend fuhr ich rüber, Cliff half mir, die ganzen Spanngurte an Richards Tor zu öffnen, und wir rissen Bretter ab, bis wir schließlich reingehen konnten. Die Katzen kamen aus dem Haus geströmt. Ich füllte Futternäpfe, und die Katzen rannten darauf zu, fielen in Scharen darüber her. Ich machte die Wasserschüsseln sauber, ließ riesige Mengen Futter stehen, für die Scheuen, die sich nicht raustrauten, solange ich da war. Ich sammelte Müll.

Zwei Wochen fütterte ich täglich Richards Katzen, während ihm der Fuß amputiert wurde. Er war Diabetiker. Aus dem Nichts sei das gekommen, sagte er, der Wundbrand an den Zehen.

Es wäre die perfekte Gelegenheit gewesen, die Katzen einzufangen, kastrieren zu lassen und wiederzubringen. Würde Richard es bemerken? Würde es ihn stören? Ich hatte ihm etliche Male erklärt, dass ich keine seiner Katzen behalten würde, dass sie genauso wieder zu ihm zurückkommen würden, nur etwas gesünder, aber er hatte mir nicht geglaubt.

Eine kleine Dreifarbige begrüßte mich immer als Erste, wenn ich am Abend in Richards Grundstück einstieg, und jeden Abend widerstand ich der Versuchung, sie auf den Arm zu nehmen. Wenn ich die Näpfe in Desert Palms auffüllte, kamen mir die Katzen über die Straße hinterher, und ich musste sie zwischen vorbeirasenden Autos zurück auf den Gehsteig scheuchen. Im Viertel waren viele Leute unterwegs, es gab häufig Schlägereien, zu viele Menschen kämpften ums Überleben. Jeden Abend schaute mindestens einmal die Polizei vorbei, und es wurde kollektiv der Atem angehalten, die Leute, die auf der Straße lebten, versuchten, sich einen Moment lang unsichtbar zu machen. Ich musste immer an Richards erste Nachricht an mich denken: *ICH WILL KEINEN ÄRGER ABER ICH WILL KEINE HILFE.*

Aber bitte, sagte Richard jeden Tag am Telefon, wenn er aus dem Krankenhaus anrief, *nimm mir nicht meine Katzen weg. Sie sind alles, was ich habe.*

Als Richard aus dem Krankenhaus entlassen wurde, zählte er als Erstes seine Katzen. *ICH BIN ZU HAUSE*, schrieb er mir. Wie immer in Großbuchstaben. *ICH HAB DIE KATZEN GEZÄHLT ES SIND NOCH ALLE DA.*

Ich hab doch gesagt, ich nehm sie nicht mit, schrieb ich zurück.

SIE FREUEN SICH MICH ZU SEHEN, schrieb er.

Sie haben dich bestimmt vermisst, schrieb ich. *Schön, dass du wieder da bist.*

Zwischen Richards Nachrichten verging immer viel Zeit, manchmal Stunden, und ich wusste, dass er trank. Während seines Krankenhausaufenthaltes hatte ich verstohlen ein paar Bierdosen aus dem Garten geräumt, nur so viele, dass er es hoffentlich nicht bemerken würde.

Ich beschloss hoch zu pokern und schrieb Richard erneut: *Würdest du mich nur ein paar von den Katzen kastrieren lassen? Ich bring sie auch zurück, versprochen.*

Er antwortete sofort: *ICH DENKE DAS IST OKAY.*

Ich heuerte meinen Freund Gerald an, mir mit den Katzen in Desert Palms zu helfen, und als wir die erste in der Falle hatten, benannten wir sie nach ihm: Feral Gerald.

Es war schwierig, den Überblick zu behalten, es waren so viele, und sie sahen sich alle so ähnlich, aber wir verpassten jeder Katze einen Namen: Dumptruck, Dinky, Crusty, Tropicana, Mr. Trash. Turnip, Kevin und Pulp-Free Orange Juice. Es gab eine, die wir nur Die Flauschige nannten, und eine, die einfach Die kleine Bunte hieß. Wir fingen alle, eine nach der anderen, und fuhren sie einzeln zum Tierarzt. Sie kamen zurück, kastriert, geimpft, gesund. Richard begutachtete unser Werk, schwankend zwischen Dankbarkeit, Nervosität und Wut. Es dauerte Monate, und als Richard sich langsam an mich gewöhnte, schrieb er mir immer öfter, immer später am Abend, offensichtlich betrunken.

HIER IST EIN BILD VON MIR MIT SECHZEHN, schrieb er mir einmal, und tatsächlich: Das war unverkennbar ein junger Richard, inmitten von Leuten, die seine Familie sein mussten. *ICH BIN ALS EINZIGER AUF DEM BILD NOCH AM LEBEN.*

Ein anderes Mal gestand Richard, er habe vor Jahren schon einmal Ärger mit der örtlichen Tierschutzbehörde gehabt. Wer ihn gemeldet habe, wisse er bis heute nicht. *DIE HABEN ALLE MEINE KATZEN MITGENOMMEN.* Es war zwei Uhr nachts, als er mir schrieb, und ich las die Nachrichten erst am nächsten Morgen. *VOR ZWEI JAHREN WAR ICH IM KRANKENHAUS UND SIE HABEN ALLE KATZEN MITGENOMMEN. ICH HAB IMMER WIEDER ANGERUFEN ABER ICH HAB DIE KATZEN NIE WIEDER GESEHEN. ICH WEISS NICHT, OB SIE ALLE GETÖTET HABEN.*

Wenn er ein bestimmtes Sufflevel überschritten hatte, wechselten Richards Nachrichten zu Kleinbuchstaben und wurden prägnanter. *weißt du, ich hab nachgedacht*, schrieb er einmal, nachdem wir alle fünfzig Katzen zwischen seinem Garten und Desert Palms eingefangen und wiedergebracht hatten. *ich hab ja keine familie mehr und ich glaub diese katzen sind so was wie meine familie.*

Das Sheba, das ich in meinem Auto hatte, um die Müll-Katzen zu füttern, war gespendet. Menschen von überall auf der Welt hatten es mir über meine Wunschliste auf Amazon bestellt.

Meine Instagram-Follower hatten sich genau wie ich in die Katzen in Desert Palms verliebt: Sie hatten gesehen, wie Dumptruck und Mr. Trash in der Nähe des Müllcontainers nach Futter wühlten und wie Crusty in einem ausrangierten Pappkarton auf ihr Fressen wartete. Was wir auch für diese Katzen brauchten – neue Wasserschüsseln, mehr Leckerli, Thunfischdosen als Köder für die Fallen –, die Leute kauften es. Als ich Futter für Cliffs Hund auf die Wunschliste setzte, wurde es sofort gespendet. *Kein Hund sollte hungern müssen!*, stand auf der beiliegenden Karte.

Ich begann, andere Sachen mit auf die Wunschliste zu setzen: Decken, Wasserflaschen, Handwärmer und Erste-Hilfe-Bedarf. Müllbeutel. Ich wollte auch die Menschen in Desert Palms mit Sachspenden unterstützen und schrieb einen langen Instagram-Beitrag über all die Not, die wir in der Nachbarschaft zu Gesicht bekamen, dass dort nicht nur die Tiere litten. Wenn ich irgendwo eine Kolonie Katzen sah, die ums Überleben kämpfte, war das ein ziemlich deutlicher Indikator dafür, dass dort auch Menschen ums Überleben kämpften.

Meine Follower hatten zu diesem Zeitpunkt bereits bewiesen, dass sie in der Lage waren, über Nacht Tausende Kilo Katzenfutter zu spenden, eine Auffangstation mit Vorräten für Monate zu versorgen, Tausende Dollar für die medizinische Versorgung einer Katze aufzubringen. Aber bei den Artikeln, die ich für Menschen ausgesucht hatte, Wintermützen, Wollsocken, Eiweißriegel und Tütensuppe, tat sich rein gar nichts. Niemand spendete etwas davon.

Warum ist es so viel einfacher, Mitleid mit den Katzen zu empfinden?

Ich verbrachte viel Zeit damit, den nach Monaten guter Fütterung jetzt gepflegt glänzenden Dumptruck bei seinen Spielen im Gebüsch zu beobachten. Beim Laufen reckte er den Po in die Luft, als wären seine Hinterbeine ein Stück zu lang.

Die Katzen waren unschuldig, unkompliziert in ihren Bedürfnissen. Sie hatten keine schlechten Entscheidungen getroffen, die zu diesem Dasein im Müll geführt hatten. Bei Menschen war es einfacher, davon auszugehen, dass sie das Unheil in ihrem

Leben verdienten. Aber was hatte Dumptruck getan, um das zu verdienen? Was hatte Dumptruck jemals falsch gemacht?

Die Abende, an denen wir die Katzen der Müllkolonie einfingen, entwickelten sich zu einer Art Straßenparty. Es folgte einer seltsamen Dynamik, wie die Nachbarn uns inzwischen willkommen hießen, als hätten wir eine neue Möglichkeit entdeckt, die Menschen eines Viertels zusammenzubringen. Die Streunerkatzen zwischen dem Müll, unser gemeinsamer Grund, uns zu organisieren.

Es war so oft so düster in Desert Palms. Die Nächte wurden kälter, die Menschen in den Zelten machten Feuer, um sich warm zu halten, und manchmal breiteten sich die Feuer die Straße hinunter aus, bis in der Ferne Sirenen erklangen. Auf dem Weg nach Desert Palms wusste ich nie, was mich erwartete: eine frisch verletzte Katze, ein neuer Müllhaufen in der Nähe der Futternäpfe, Nachbarn, die wir kennengelernt hatten und die jetzt auf die Straße gesetzt worden waren. Peggy lag nach einem Schlaganfall im Krankenhaus, und irgendwer räumte ihr ganzes Auto aus. Jemand hatte einen Hund auf dem Parkplatz ausgesetzt, den wir jetzt mitfütterten. Richard musste zurück in die Klinik und kam wieder nach Hause, immer und immer wieder, in einem unendlichen Kreislauf, und wusste, dass er nicht mehr zu fragen brauchte. Wir standen jeden Tag vor seinem Tor, um die Katzen zu füttern.

Die Polizeipräsenz im Viertel riss nicht ab, ich sah die Katzen oft im Schein der rotblauen Lichtsirenen. Es kam zu Überdosen. Es wurde mit Waffen hantiert. Wenn Gerald mich begleitete, trug auch er eine Waffe, und manchmal, wenn wir in der Gasse Stimmen hörten, sah ich ihn instinktiv die Hand Richtung Hüfte bewegen, bereit zur Verteidigung. Ich konnte mir keine Situation vorstellen, in der die Pistole nicht alles nur noch schlimmer machen würde. Ich trug Narcan und Katzenfutter bei mir.

An den Abenden, an denen wir vor den Apartments Katzen fingen, bestellten wir Pizza und warme Breadsticks und breiteten die Schachteln auf der Motorhaube von Geralds Auto aus. Wir brachten Softdrinks mit. Wir hatten nie geplant, diese Katzenfangpicknicks zu veranstalten. Aber wir waren hier aufgetaucht, in dieser Nachbarschaft, in der wir nicht lebten, an diesem Ort mit so viel menschlicher Not, und inzwischen wurden die Tiere besser versorgt als die Menschen. Die Katzen bekamen kostenlose Transporte zum Tierarzt, sahen immer gesünder und gepflegter aus und schliefen in warmen kleinen Unterschlupfen, die wir ihnen für den Winter gebaut hatten. Die Menschen, jeden Tag wurden es mehr, schlugen sich irgendwie durch. In diesem Winter verzeichneten wir historisch tiefe Temperaturen. Cliff hatte lernen wollen, wie die Katzenfallen funktionierten, und half uns, kleine Schälchen mit Thunfisch zu füllen. Richard saß vor einem Tor, als zöge eine Parade die Straße entlang, und rief uns bei jeder vorbeikommenden Katze zu: *Da ist die andere Schwarze! Da kommt ein Kätzchen! Das da ist die Mutter, die flauschige Graue! Die müsst ihr noch fangen!* Wir teilten die Pizza mit allen, die vorbeikamen, verteilten Decken, Handwärmer, Wasserflaschen. Inzwischen hatten wir die ganze Nachbarschaft kennengelernt: Terrance und Larry und Rob, Peggy, Crystal und Deb. Howard half uns jetzt beim Müllsammeln. Irgendjemand bot uns immer Alkohol an, und wir lehnten höflich ab – wir mussten noch Wagenladungen Katzen in die Tierklinik schaffen –, bis wir irgendwann Ja sagten, und dann saßen wir alle an einem Freitagabend in Desert Palms im Dunkeln zusammen, nippten an unseren Drinks und sahen den Streunerkatzen zu, wie sie im Müll spielten.

Für das Projekt, alle fünfzig Katzen kastrieren zu lassen, brauchten wir ein halbes Jahr. Nach und nach bauten wir echte Beziehungen zueinander auf. Irgendwann ging es nicht mehr nur um die Katzen. Ich machte mir Sorgen um Dumptruck und Crusty und Feral Gerald, aber noch mehr Sorgen machte ich mir um Peggy, um Cliff und um Howard. Ständig checkte ich den Polizeifunk nach Einsätzen in Desert Palms, und wenn eine Schießerei, ein Messerangriff oder eine Überdosis gemeldet wurde, rief ich Richard an, meldete mich bei Terrance, fuhr rüber, um nach all denen zu sehen, die kein Telefon hatten.

Wir hätten die ganzen Katzen schneller kastriert bekommen, wenn wir es einfach gemacht hätten. Genau genommen brauchten wir Richards Erlaubnis nicht. Wir hätten die Fallen einfach auf der anderen Straßenseite aufstellen können, abseits seines Grundstücks. Wir hätten alle Katzen in den ersten Wochen mitnehmen können, als Richard im Krankenhaus gewesen war, und wenn er uns nach seiner Heimkehr dafür verachtet hätte, dann wäre es eben so gewesen. Seine Katzen wären kastriert, und wir hätten uns nie mehr dort blicken lassen müssen, hätten seine Nummer blockieren und das Beste hoffen können. Schon unmittelbar nach Richards Morddrohung hätte ich das ganze Viertel der Tierschutzbehörde übergeben können, und als ich um zwei Uhr morgens endlose Nachrichten von ihm bekam und ich an die Katzen denken musste, die sich nach wie vor in seinem Garten vermehrten, fragte ich mich, ob ich das nicht wirklich besser getan hätte. Ich hätte die Polizei rufen können. Wären sie aktiv geworden? Bekam man eine Polizeieskorte, um in einer verkommenen Nachbarschaft Streunerkatzen einzufangen?

Ich hatte keinen richtigen Plan, aber ich wusste, dass es ohne die Tierschutzbehörde gehen musste, ohne Polizei, ohne irgendeine Art von Angst, Maßregelung oder Strafe. Ich musste immer an die Nachrichten denken, die Richard mir am Anfang geschrieben hatte, dass ihm damals alle Katzen weggenommen worden waren. Es war ein sanktionierendes Modell des Tierschutzes, ein Vorgehen, das Menschen und Tiere gleichermaßen für etwas bestrafte, was oft auf einen Mangel an Ressourcen und Vertrauen hinauslief. Richard hatte seine ganze Familie verloren, nur noch Katzen gehabt, und die hatte man ihm auch noch genommen. Kein Wunder, dass er meine Hilfe ausgeschlagen hatte, als er mein blödes übereifriges Gesicht durch die Ritzen in seinem Zaun beim Spähen erwischt hatte.

Manchmal schreibt Richard Gerald und mir immer noch mitten in der Nacht. Manchmal geht es um die Katzen oder um seine Kindheit oder um das Neuste aus dem Viertel, aber oft ist es auch nur ein Satz, jedes Mal derselbe: *Ich liebe euch beide als Freunde.*

Wir hatten einen Wendepunkt beim Müllsammeln erreicht: Endlich kamen wir schneller mit dem Aufräumen voran, als neuer Müll auftauchte. Der Boden rund um die Futternäpfe war frei. Unter den Büschen kam die Erde zum Vorschein. Manchmal merkte ich, dass jemand anders geholfen hatte. Ich kam an und fand einen ganzen Abschnitt Gebüsch sauber vor, der Müll herausgefischt, eine neue Wasserschale an seiner Stelle. Manchmal tauchte Katzenspielzeug auf. Einmal fuhr ich auf das Grundstück und sah etwas im Gebüsch, vermutete schon wieder irgendein Möbelstück, das jemand weggeworfen hatte und das ich jetzt würde entsorgen müssen, nur um dann festzustellen, dass es ein nagelneuer Kratzbaum war, richtig schön, mit Teppichbezug, hohen Sitzgelegenheiten und baumelndem Spielzeug. Dumptruck hatte sich darauf eingerollt und schlief tief und fest.

Fast ein Jahr nachdem ich den Anruf wegen des verletzten Kätzchens bekommen hatte, kam ich nach Desert Palms und sah, dass am Straßenrand Streifenwagen standen, sechs oder sieben Stück, mit blinkenden Lichtern. Alle Zelte waren weg. Das weiße Auto, in dem Peggy lebte, war abgeschleppt. Cliffs schwarzer Van verschwunden. Die ganzen Decken, die ich mitgebracht hatte, alle Vorräte lagen wie Müll im Container. Howard stand draußen und beobachtete stumm das Treiben.

Ich wusste nicht, was ich tun sollte, also folgte ich einfach meiner üblichen Routine. Ich verstreute Leckerli für die Katzen, und während sie fraßen, streifte ich mir Handschuhe über und schüttelte einen Müllbeutel auf. Von überall wurden die Lichter der Polizeiautos zurückgeworfen. Die Cops waren gerade ins Gespräch mit einer älteren Frau vertieft, die ich nicht kannte, und ich beobachtete die Unterhaltung, während ich Müll sammelte. Ich fand immer weniger, und ich hatte den Beutel erst zur Hälfte gefüllt, als die Polizisten schließlich auf mich zukamen. Sie wollten wissen, was ich machte.

Meine Freunde wohnen hier, sagte ich. *Ich helfe ehrenamtlich. Ich füttere die Katzen.* Ich hob meinen Müllbeutel hoch, die Handschuhe noch an den Fingern. Die Katzen hatten sich zerstreut.

Okay, sagte ein Polizist.

Ich wusste nicht, wie ich meine Frage formulieren sollte. Ich gestikulierte vage in Richtung des Wegs zwischen den Gebäuden, auf Richards Haus. *Wo sind denn alle hin?*

Wir räumen hier nur etwas auf, sagte der Cop.

Ich hielt immer noch eine schmutzige Limoflasche in der Hand, die ich aus dem Gebüsch gefischt hatte.

Damit die Gegend ein bisschen sicherer wird, sagte der andere Cop, und sein freundlicher Ton mir gegenüber signalisierte deutlich, was er ausdrücken wollte: Ich war jemand, der Sicherheit verdiente, und alle, die sie gerade geräumt hatten, ärmere Menschen, wohnungslose Menschen, People of Color, Drogen gebrauchende Menschen, waren eine Bedrohung für diese Sicherheit. Das war nie meine Nachbarschaft gewesen, ich lebte hier nicht, und jetzt war ausgerechnet ich übrig geblieben, fütterte von der Polizei unbehelligt auf dem Parkplatz Streunerkatzen, während die eigentlichen Bewohner vertrieben und kriminalisiert wurden, weil sie versucht hatten, auf der Straße zu überleben. Peggy, Larry, Cliff. Ich beobachtete, wie ein anderer Polizist über Richards Zaun spähte und die orange Notiz an der Tür bemerkte. Rein rechtlich durfte Richard dort nicht wohnen.

Wir räumen hier nur etwas auf, hörte ich einen Cop zu jemand anderem sagen, als wäre das eine offizielle Anweisung, die er wiederholte. Meine Handschuhe waren schlammverschmiert. Meine Tüte immer noch halb voll mit Müll.

Ich lasse mich gehen

Wir befanden uns im ersten Stock eines Krankenhaus-Parkdecks. Ich lag am Boden. Um mich herum war es schmutzig, Fett und Öl hatten sich in den Gehsteig gefressen, der Asphalt war übersät mit Zigarettenstummeln, und über den Rand der Katzenfutterdose, die ich geöffnet und dann stehen gelassen hatte, quoll Soße mit Rindfleischaroma. Von irgendwo aus dem Fahrgestell eines Autos drang schwaches Miauen, das hohe Fiepen eines Kätzchens, und ich schob mich unter den Wagen, um mich auf die Suche zu machen.

Das Auto war ein Mercedes. Ich hatte keine Ahnung von Autos, sah aber schon von Weitem an der tief liegenden Silhouette, dass es teuer gewesen sein musste. Der Fahrer war Arzt, ein Spezialist für Thoraxchirurgie, und hatte gerade eine Zwölf-Stunden-Schicht hinter sich. Die Frau, die mich wegen des Maunzens angerufen hatte, war eine Krankenschwester. Es war sieben Uhr abends, Schichtwechsel, und um uns wimmelte es nur so von Schwestern und Pflegern, Sozialarbeitern, Radiologie-Technikern, Chirurginnen, Phlebologen und anderem medizinischen Personal. Alle trugen Kittel oder gebügelte Chinos, das Haar streng zurückgekämmt, funkelnden Schmuck. Von unter dem Auto sah ich vor allem Füße vorbeikommen, die ganzen Loafer, Hoka-Sneakers und Clogs, die Zipfel verschiedenfarbiger Kittel.

Der Thoraxchirurg musste nach Hause. Er konnte nicht ewig warten. Es kam häufig vor, dass Kätzchen sich unter die Motorhauben verirrten, und als ich vor einer halben Stunde den Anruf bekommen hatte, war alles, was ich brauchte, schon in meinem Auto: eine Katzenfalle, eine Transportbox, bissfeste Handschuhe. Meine hellste Taschenlampe und mein langstieliger Katzengreifer, eine Teleskopstange mit weichem Kneifer am Ende, in genau der richtigen Größe, um Kätzchen aus schwer zu erreichenden Orten hervorzuziehen. Ich hatte mir nicht die Mühe gemacht, mich umzuziehen, und trug meine letzte gute Hose, die Jeans mit den wenigsten Katzenfutterflecken.

Das Kätzchen war nicht im Motorraum. Es saß irgendwo im Heck des Wagens, zwischen den Hinterreifen, aber ich konnte es nicht finden. Der Thoraxchirurg lief unruhig auf und ab. Ich hatte ihn angefleht, nur noch zehn Minuten zu warten, und dann noch mal zehn und noch mal zehn. Immer wenn ich mit dem Kätzchen sprach, miaute es zurück, zunehmend heiser und panisch, dringlich, und ich konnte den Chirurgen nicht mit unter dem Auto festsitzendem Kätzchen wegfahren lassen. Der Wagen war zu teuer, um ziellos darin herumzustochern, aber ich wusste nicht, was ich sonst tun sollte. Die Krankenschwester machte ganz große Augen, hockte neben dem Auto, rang besorgt die Hände und warf mir Hilfe suchende Blicke zu. *Was machen wir denn jetzt?*, fragte sie immer wieder.

Wir bockten das Auto mit dem Wagenheber auf. Schraubten die Motorabschirmung ab. Das Kätzchen schrie und schrie von irgendwo, wo ich es nicht sehen konnte, und ich versuchte, es mir vorzustellen, überlegte, welche Farbe es wohl hatte. Wie alt es war. *Ich hör dich, Kleines*, sagte ich immer wieder. *Ich versuch, dich zu finden.* Der Chirurg saß jetzt auf dem Fahrersitz und rieb den Schlüssel zwischen den Fingern, als könnte er das Auto jeden Moment anlassen. Die Schwester hetzte mit weit aufgerissenen Augen herum und öffnete noch mehr Katzenfutterdosen. Ich rannte von einer Seite des Wagens auf die andere, horchte nach dem Miauen, versuchte, das Geräusch abzustecken, seinen genauen Ursprung zu orten. Ich warf mich auf den Boden, kroch unter den Wagen, stand wieder auf, lief auf die andere Seite und warf mich wieder hin. Ich bemerkte gar nicht, wie eklig das alles war, wie schmutzig meine Hände wurden.

Nach einer Stunde, der Thoraxchirurg hatte kapituliert und war zu uns auf den Boden gekommen, sahen wir es: ein kleines graues Baby. Seinen kleinen grauen Schwanz. Es saß auf der Hinterachse fest, hielt dort das Gleichgewicht, fast schwarz vor Ruß. Es dauerte weitere zehn Minuten, bis ich meine Hände weit genug dort hineinbekam, um es richtig greifen zu können, und währenddessen dachte ich keine Sekunde an etwas anderes. Die Unterseite des Autos war nur ein paar Zentimeter über meinem Gesicht, das Kätzchen starrte mich von da oben an, leckte sich nervös die Lippen. Es gab nur uns beide, und ich hatte noch exakt eine Minute Zeit, es zu retten.

Als ich das Katerchen, wir tauften ihn Benz, sicher in eine Transportbox verfrachtet hatte, stand ich auf und wischte mir die Haare aus dem Gesicht. Immer noch strömte Personal ins Krankenhaus, überall sah ich farblich abgestimmte Arbeitskleidung und Crocs, Klinikausweise an bunten Schlüsselbändern, akkurate Pferdeschwänze, glatt rasierte Wangen. Ich wischte mir Schweiß von der Stirn. Bebte vor Adrenalin. Der Thoraxchirurg fuhr weg. Das Kätzchen war gerettet.

Nie hatte ich mich kompetenter gefühlt, heroischer.

Zurück zu Hause, warf ich einen Blick in den Spiegel.

Oh Gott, dachte ich. *Das haben die ganzen Leute also in ihrer Tiergarage stehen sehen.*

Meine Hände waren schwarz vom Griff ins Innere des Autos, um das Kätzchen herauszuzerren, und wo ich mir übers Gesicht gewischt hatte, an Nase und Stirn, waren lange Schlieren Motoröl und Ruß zurückgeblieben. An Hals und Ohren sammelte sich ebenfalls der Dreck. Meine Haare standen wirr vom Kopf ab; als ich am Boden gelegen und den Kopf gedreht hatte, hatte ich mir Öl und Fett ins Haar geschmiert, und jetzt war es so verklebt und steif, dass ich mit der Bürste nicht durchkam. Auf meinen hellgelben Schuhen waren Blutflecken, einer von einem verletzten Kätzchen, das ich vor Wochen aufgelesen hatte, und der andere von mir selbst, von einer Wunde nach einem heftigen Katzenbiss. Ich rasierte mir die Beine nicht mehr. Meine Knöchel waren voll langer, schorfiger Kratzer von einem dornigen Gebüsch, durch das ich mich am Vorabend geschlagen hatte, um meine Fallen so nah wie möglich an einem abgesperrten verlassenen Grundstück zu platzieren. Meine Hose hatte neue Katzenfutterflecken. Ich trug ein T-Shirt mit einem Bild von meinen eigenen Katzen.

Oh, dachte ich, wie ich mich da selbst im Spiegel betrachtete. Das Schockierende war nicht, wie schmutzig ich aussah, oder wie irre. Sondern dass ich nicht einmal einen Gedanken daran verschwendet hatte. Heute Abend, als ich in einer Tiefgarage herumgerobbt war und panisch versucht hatte, ein Kätzchen zu retten, bevor ein Arzt nach Hause fahren musste, hatte ich das erste Mal seit meiner Kindheit etwas gemacht, ohne die ganze Zeit darüber nachzudenken, wie ich aussah.

Die längste Zeit meines Lebens habe ich mich selbst mikroskopisch genau seziert. Zu meinem zehnten Geburtstag bekam ich einen Vergrößerungsspiegel und war von da an besessen davon, mir jede einzelne Pore meines Gesichts darin anzusehen. Jede Wimper. Jede Falte. Ich verbrachte zu viel Zeit damit, meine Zähne aus nächster Nähe zu betrachten, und zu meinem nächsten Geburtstag wünschte ich mir Bleaching-Strips. Mit vierzehn war ich untergewichtig, fürchtete aber, ich sei zu dick. Mit fünfzehn ließ ich Mahlzeiten sausen und joggte endlose Runden. Ich verließ das Haus nicht, ohne vorher eine geschlagene Stunde mit meinem Glätteisen zu hantieren und immer und immer wieder meinen Pony zu plätten. Bei Regen setzte ich keinen Fuß vor die Tür.

Wenn Freunde eine Poolparty veranstalteten, ging ich nicht schwimmen. Wenn Freunde Mittag essen gingen, aß ich nichts. Der einzige Treffpunkt in meiner Heimatstadt war die Bowlingbahn, und ich hasste es, beim Bowlen vor den Augen aller aufstehen und mich umdrehen zu müssen.

Nichts davon war ein Einzelfall oder irgendwie extrem. Ich glich jedem Teenie-Mädchen in einer auf Bilder fixierten Welt, jedem Mädchen, das mit Zeitschriftencovern aufwächst, auf denen wir mit unseren Unzulänglichkeiten konfrontiert werden. Das Gefährliche für mich war weniger die Unruhe oder die Selbstbesessenheit, die Stunden, die ich mich von allen Seiten anstarrte, der Spiegel, den ich in der Mittelstufe im Rucksack hatte, um den Sitz meiner Haare zu kontrollieren. Das Gefährliche war das Gefühl, wenn ich meine Sache gut gemacht hatte. Die Bestätigung, wenn ich gut aussah und Komplimente bekam, die süße Belohnung.

Ich war elf und in der fünften Klasse, als ich das erste Mal mitbekam, dass ein Junge in mich verknallt war. Er hieß Christopher, war in meiner Lesegruppe, und irgendetwas daran, dass ein Junge mich anschauen konnte und etwas sah, das ihm gefiel, das er wollte, worüber er vielleicht sogar nachdachte, wenn wir nicht zusammen waren, dass er womöglich abends wach lag und auf eine Weise an mich dachte wie ich an so viele meiner Mitschüler, gab mir ein besseres Gefühl als alles andere.

Anerkennung war auch schon vorher mein Antrieb gewesen. Ich arbeitete hart für die Schule, damit meine Lehrer mich mochten, erledigte zu Hause alle meine Pflichten, damit meine Eltern mich mochten, flocht Freundschaftsbändchen, damit meine Freunde mich mochten. Aber dass jemand in mich verknallt war, und wenn auch nur ein Junge aus der Middle School, eröffnete mir eine ganz neue Welt. Das war eine Art von Bestätigung, von deren Existenz ich nichts geahnt hatte. Eine ganz unerschlossene Quelle an Möglichkeiten, mir Anerkennung zu verschaffen, mir ein flüchtiges Gefühl der Erfüllung zu erringen, eine warme Erinnerung daran, dass ich existierte.

Dass ein Mensch, ein Junge, ein Mann, mich ansehen und denken konnte: *Wow, die sieht super aus!*

Allein der Gedanke ließ mich erschaudern. Schon mit meinen elf Jahren wusste ich irgendwo tief in meinem Innern, dass ich diesem Gefühl die nächsten zehn Jahre hinterherjagen würde.

Als ich den Instagram-Account für die Katzen anlegte, hielt ich ihn zunächst anonym. Es war weniger eine bewusste Entscheidung als die naheliegendste Möglichkeit. Auf dem Account ging es um die Katzen, nicht um mich, und es war interessanter, Bilder von Streunerkatzen zu zeigen als von meinem Gesicht. Eine Weile teilte ich gar keine persönlichen Informationen, weder meinen Namen noch mein Alter oder Geschlecht, und als ich langsam Follower gewann, bekam ich manchmal Kommentare wie: *Ich bin so neugierig auf den Menschen hinter diesem Account!*

Meine Antwort war immer dieselbe: *Eigentlich bin ich gar kein Mensch. Nur ein paar Katzen in einem Trenchcoat.*

Ich hatte die meiste Zeit meines Lebens verbracht, als wäre ich ständig von Kameras umgeben, von einer unsichtbaren Menschenmenge, für die ich gut aussehen musste, selbst wenn ich allein war. Ich kuratierte mein imaginäres Publikum, stellte mir meine Mutter vor, meine Lehrer, die Person, in die ich gerade verknallt war, oder eine vage Idee von einem Menschen, vielleicht einem Mann, dem ich eines Tages begegnen würde und den ich beeindrucken musste, und überlegte ständig, wie ich wohl wahrgenommen wurde. Es war erschöpfend.

Tat ich wirklich nie etwas, was meine volle Aufmerksamkeit erforderte? Reservierte ich wirklich einen Teil meines Gehirns, eine Portion meiner täglichen Energie dafür, ununterbrochen darauf zu achten, ob ich auch den Bauch eingezogen, das Kinn richtig angewinkelt und die Haare hinter die Ohren gestrichen hatte?

Meine Aufgabe, und das begriff ich schon mit neun Jahren, bestand darin, mich darzustellen. Mich als kleines Kind niedlich, als etwas größeres hübsch und als Teenager sexy zu geben. Diese Inszenierung hatte zur Folge, dass ich wahrgenommen wurde, immer, von Männern, deren Motive ich nicht begriff. Das erste Mal gecatcalled wurde ich mit zwölf. Mit zweiundzwanzig hielt ich mein Äußeres für eine Superkraft. Ich durchschaute, was Männer wollten und wie ich mich so formen konnte, dass ich genau der jeweiligen Art Frau entsprach, die sie sich in ihrem Leben wünschten.

Als ich dann allein mit dreißig Katzen in meiner Auffahrt im Dunkeln saß und im Internet Geschichten teilte, ohne mein Gesicht zu zeigen, fühlte ich mich zum ersten Mal in meinem Leben nicht wahrgenommen. Erst Jahre später wurde mir klar, auf was für ein Experiment ich mich da unbewusst eingelassen hatte. Zum ersten Mal seit meiner Kindheit erhielt ich Aufmerksamkeit und Lob für etwas, von dem ich ganz sicher sein konnte, dass es nichts mit meinem Äußeren zu tun hatte. Auf der High

School heimste ich akademische Auszeichnungen ein, und meine Freunde sagten halb im Scherz, das liege nur daran, dass die Lehrer in mich verknallt seien. Auf dem College erzählte ich Professoren, dass ich es in ein Promotionsprogramm geschafft hatte, und einer davon erwiderte, ich hätte auch schöne Beine. Als hinge das alles zusammen: mein Intellekt, mein Ehrgeiz und die Beschaffenheit meiner Beine. Egal, was ich erreichte, egal, was irgendjemand sagte, nie konnte ich sicher sein, dass ich es mir verdient hatte. Nie wusste ich genau, dass es nicht an den Körper geknüpft war, in dem ich lebte, an die Schönheit, die ich so angestrengt zur Schau trug.

Als ich im Internet Katzengeschichten erzählte, wusste niemand, wie ich aussah. Ich fotografierte die Katzen genauso wie mich selbst: immer und immer wieder, aus allen möglichen Perspektiven, mit verschiedensten Beleuchtungen. Ich scrollte mich durch Hunderte fast identischer Bilder, bis ich das gefunden hatte, das am besten aussah.

Wenn ich in einem Müllcontainer ein Miauen hörte, stieg ich hinein, und zwar ganz, zu all dem verrottenden Essen und dem Abfall. Wenn eine Katze jenseits eines Stacheldrahts saß, kletterte ich drüber, schnitt mir die Arme auf, riss mir die Hose in Fetzen. Die Sommer in Tucson zogen sich hin, es hatte jeden Tag über vierzig Grad, und selbst nach den einfachsten Katzenrettungsaktionen, bei denen ich nur mit einer Dose Thunfisch im Schatten stand, war ich schweißgebadet, das Gesicht rot, die Haare verschwitzt und zerzaust. Häufig lernte ich Menschen kennen, die schon wussten, wer ich war – *Ich folge deinen Katzen auf Instagram*, sagten sie und lächelten, als stünden sie einem Promi gegenüber –, und später ging mir auf, dass ich bei unserer ersten Begegnung in einem Müllcontainer oder unter einer

Veranda gesteckt hatte, voller Spinnweben und mit rotem Kopf. *Normalerweise sehe ich nicht so aus*, wollte ich immer sagen.

Manchmal stimmte das auch. Für eine Weile gab ich mir Mühe, meine beiden Leben getrennt zu halten: Es gab mein Katzenleben, in dem ich immer schwitzend und in schmutzigen Klamotten an seltsamen Orten kauerte, und es gab mein restliches Leben, in dem ich mir immer noch die Haare stylte und mir Gedanken um mein Outfit machte. Ich schaute mich immer noch im Spiegel an, katalogisierte die neuen Falten um meine Augen. Ich wuselte immer noch nervös herum, bevor ich zur Arbeit oder zu einem Abendessen oder einem Treffen mit Freunden aufbrach, als würde sich irgendwer darum scheren, wie glatt ich meine Haare bekommen hatte. Ich dachte immer noch ziemlich häufig darüber nach, wie ich aussah, wie ich auf andere Leute wirkte, was eine völlig fremde Person wohl von mir hielt.

Aber die Grenze zwischen meinen zwei Leben wurde durchlässig. Immer häufiger fing ich eine Katze ein, brachte sie zum Tierarzt und machte dann auf dem Heimweg noch ein paar Erledigungen. Oft hielt ich irgendwo für einen späten Snack, nachdem ich den ganzen Abend Katzen gefangen hatte. Bei meinen Supermarktbesuchen sah ich zusehends wilder aus. Immer öfter fand ich mich völlig unfrisiert, ungeschminkt und in schmuddeligen, zusammengewürfelten Klamotten in der Öffentlichkeit wieder. Ich zeigte Versionen von mir, die ich mein ganzes Leben lang zu verstecken versucht hatte. Je mehr Zeit die Katzenrettung in Anspruch nahm, desto mehr gab ich alles auf, was sich überflüssig anfühlte: Haare glätten, Augenbrauen zupfen, Beine rasieren. Das Bild von mir selbst, das ich immer im Kopf hatte, meine genaue Vorstellung davon, wie andere Menschen mich sahen, begann zu verschwimmen.

Den größten Teil meines Lebens war es mir wie eine Errungenschaft erschienen, mein Aussehen komplett unter Kontrolle zu wissen. Ein scharfes Bild von mir im Kopf zu haben und mir bewusst darüber zu sein, wie ich es beeinflussen konnte. Je mehr Katzen ich rettete, je mehr ich mich in die Gemeinschaft einbrachte, je mehr Energie ich in andere Dinge als mich selbst investierte, desto mehr hatte ich das Gefühl, bei irgendetwas versagt zu haben. Ich wusste nicht einmal mehr, wie ich aussah. In meinem Kopf war ich immer noch zweiundzwanzig und perfekt. Auf Fotos war ich eine Frau mittleren Alters, umgeben von Katzen.

Irgendwann begann ich mich zu fragen, ob ich vielleicht wirklich nur ein paar Katzen in einem Trenchcoat war. Aus irgendeinem Grund konnte ich mir einen Haufen aus Schnurrhaaren und Fell in der ungefähren Form eines Menschen leichter vorstellen als mich selbst in meiner tatsächlichen menschlichen Gestalt, die ich plötzlich nicht mehr wiedererkannte. Es war erschütternd festzustellen, wie sich mein Äußeres verändert hatte, ohne dass es mir richtig aufgefallen war. Wann waren meine Haare so krisselig geworden? Wann hatte ich fünf Kilo zugenommen? Wann hatte ich mir das letzte Mal die Beine rasiert? Ich schrieb meinen Freundinnen, alles Frauen in den Dreißigern, die damit zu kämpfen hatten, was uns ein Leben lang eingeredet worden war, unser Aussehen – unsere Jugend, unsere Schönheit, unsere Wirkung auf Männer – wäre das Kostbarste an uns. Wir waren kontinuierlich an Wert verlierende Waren und sollten uns an unserer Schönheit festklammern, während sie uns verließ wie das Wasser bei Ebbe. Ich schrieb: *Ich hab mich wirklich gehen lassen.*

Bevor ich die Katzen in unserer Auffahrt fand, vor Tim, habe ich ab und zu Hunde gerettet. Geplant war das nicht. Mein Büro lag in einer Gegend, in der ständig Hunde entliefen, und irgendwann hatte ich vorsichtshalber immer eine Leine und eine Tüte Pup-Peroni-Leckerli im Auto. Ein paarmal führte ich Hunde aus dem Tierheim Gassi oder nahm einen Streuner mit ins Büro, bis jemand ihn abholen kam. Ich vergaß nie, Selfies zu machen. Ich wollte hübsch aussehen, wollte neben einem Tierheimhund in die Kamera lächeln. Ich wollte mit meiner Selbstlosigkeit beeindrucken. Ich wollte die Fotos für Tinder.

So ging ich alles an, so konzipierte ich meine gesamte Existenz: als Inszenierung. Als etwas, das andere Leute anschauten, das sie beurteilten, das ich dokumentieren und gegen Bestätigung eintauschen konnte.

Ich betrachtete alles in meinem Leben durch die Linse männlicher Aufmerksamkeit. Sie war alles, was zählte. Auf ihr baute mein gesamter Selbstwert auf. Mein ganzer Wert als Mensch, mein ganzer Erfolg: Alles hing davon ab, was Männer von mir hielten, wie attraktiv sie mich fanden, ob sie nach links oder rechts wischten, wenn mein Gesicht in ihrer Dating-App auftauchte.

Es spielte keine Rolle, wenn die Aufmerksamkeit nachließ, wenn ein Mann aus meinem Leben verschwand. Männliche Bestätigung war eine unendliche Ressource. Ich konnte mir jederzeit Nachschub beschaffen.

Ich hätte das nicht zugegeben. Ich bin mir nicht sicher, ob ich überhaupt begriff, wie sehr meine ganze Identität, mein komplettes Selbstbild, auf der Aufmerksamkeit von Männern fußte. Es war nicht so, dass ich alles andere an mir nicht auch wertgeschätzt hätte, meine Talente und Errungenschaften. Nur waren sie nicht dasselbe ohne ein Publikum, ohne männliche Bestätigung. Wenn ich als Jahrgangsbeste das College abschloss, ehrenamtlich Hunde rettete, Halbmarathons lief, es in ein Promotionsprogramm schaffte, dann bedeutete mir das alles nur etwas, wenn mir andere dabei zusahen. Wenn ich in ihren Augen gut aussah.

Eine Weile bemühte ich mich ganz gezielt, keine Katzen-Shirts zu sammeln. Es erschien mir wie die letzte Bastion der Vernunft, mir zumindest ein bisschen Gedanken darüber zu machen, wie ich auf Außenstehende wirkte. In meinen Zwanzigern hatte ich so viel Wert darauf gelegt, mich bei der Arbeit ins rechte Licht zu rücken, dass ich eine App installierte, um meine Outfits zu tracken. Ich fotografierte alle meine Kleidungsstücke, die App katalogisierte sie in einem virtuellen Kleiderschrank, und jeden Abend im Bett zog ich die kleinen Bilder über meinen Handybildschirm und stellte Outfits zusammen, kombinierte Hosen, Blusen und Blazer. Jetzt gab ich mir alle Mühe, mir diese Version von mir in Erinnerung zu rufen.

Die Katzenshirts schlichen sich trotzdem in meinen Schrank, es musste ja so kommen. Manchmal gaben mir die Tierheime, für die ich freiwillig arbeitete, eins ihrer T-Shirts umsonst mit. Manchmal bekam ich Katzenshirts von Freunden und Verwandten geschenkt. Ich war immer schwer zu beschenken gewesen, und jetzt war ich es plötzlich nicht mehr, weil alle eine Sache mit mir verbanden: Katzen.

Die Katzenshirts waren albern, mit Comic-Katzen und doofen Sprüchen. Ich trug sie. Sie waren schnell hinüber, weil ich auf dem Bauch in Gassen herumkroch, um Streunerkätzchen zu fangen, oder ich warf sie weg, weil ich mir eine Katze mit Dermatophytose fest an die Brust gedrückt hatte und das Shirt das Desinfektionsmittel nicht wert war. Anfangs trug ich sie nur, wenn ich in Sachen Katzen unterwegs war, beim Fallenstellen, bei Tierarztbesuchen oder beim Transportieren von Katzen von einem Tierheim zum anderen. Manchmal zum Schlafen.

Und dann war ich irgendwann auf Reisen, wartete am Flughafen in Denver auf meine verspätete Verbindung, als mir plötzlich auffiel, was ich anhatte. Am Flughafen, wo ich mir früher jeden Mann vorgestellt hätte, dem ich auf dem Weg begegnen könnte, wie er mich ansehen würde, die Person, die vielleicht neben mir im Flugzeug sitzen würde, wie sie mich wahrnehmen würde, wie sie mich auf einer Skala von eins bis zehn bewerten würde. Früher hätte ich etwas auffallend Unbequemes getragen, meine schicksten Schuhe, meinen gepolstertsten BH. Ich wusste nie genau, wen ich eigentlich beeindrucken wollte oder warum. Nur dass ich es musste. Es war mein oberstes Gebot als Frau, gut auszusehen, selbst am Flughafen, selbst wenn ich seit vier Uhr morgens wach war. Und dann, eines Tages, drei Jahre nachdem die Katzen in der Auffahrt aufgetaucht waren, stand ich also am Flughafen, schaute an mir herunter, als könnte ich mich nicht mehr daran erinnern, mich angezogen zu haben, und stellte fest, dass ich Jeans trug, die mir nicht passten, und dazu ein Shirt mit der Aufschrift *CAT MILF.*

Ich trug Shirts mit Katzen mit Cowboyhut und der Aufschrift *Meowdy*, Katzen auf Surfboards, Katzen, die unter dem Vollmond tanzten. Ich trug Shirts mit Fotos meiner eigenen Katzen, mit Zeichnungen von meinen eigenen Katzen, blöden Slogans zu meinen eigenen Katzen. Vintage-Katzenshirts, gefälschte Katzenshirts, Shirts, auf denen vorne eine Reihe von Katzen abgebildet war und auf der Rückseite ihre Hinterteile, ihre erhobenen Schwänze, ihre kleinen Katzenpolöcher. *Willst du das anlassen?*, fragte Tim, wenn wir uns gerade für ein Abendessen mit seinen Freunden fertig machten, und ich schaute an meinem Shirt hinunter und merkte, dass es voller Polöcher war.

Während ich auf TikTok Katzenvideos erstellte, scrollte ich dort auch durch die FYP, die sogenannte For-You-Page der Plattform, ein unendlicher Feed voller Videos, die ein Algorithmus speziell für mich ausgewählt hatte. Manchmal stellte dieser Algorithmus wilde Vermutungen darüber an, was für einen Content ich gerne sehen wollte. Manchmal war es offensichtlich, dass die eine Sache, die TikTok mit Sicherheit über mich wusste, die Tatsache war, dass ich eine Frau war.

Jeden Tag bekam ich Videos zu Anti-Aging-Hautpflege. Videos zu Haarpflegeprodukten, Haarwaschmethoden, Make-up, Zahnbleaching, Microblading für die Augenbrauen, Maniküretechniken. Tipps zur Bestimmung meiner Gesichtsform, meines Körpertyps und zur Frage, ob Lip Fillers etwas für mich wären. Eine Bürste, die meine Haare glänzender machte. Ein Serum, das Jahre aus meinem Gesicht tilgte. Ein Serum gegen UV-bedingte Hautschäden, ein Serum zur Hautaufhellung, ein Serum, um meine Poren wegzuzaubern. Meine Haut brauchte Dermaplaning und Icerolling. Die TikTok-Videos brachten mir bei, wie die ganzen Falten hießen, die sich auf meinem Gesicht bildeten: Krähenfüße, Lachfalten, Nasolabialfalten. Zornesfalten. *Dagegen gibt es was*, informierte mich TikTok, und ich sah mir Videos an, in denen sich Frauen, die jünger waren als ich, vor dem Zubettgehen lange elastische Klebestreifen quer über die Stirn pappen.

Das alles, die obsessive Hautpflege, die zehnschrittigen Routinen, die Bezeichnungen für körperliche Unzulänglichkeiten, von deren Existenz ich nicht einmal gewusst hatte, war als Selfcare gelabelt. Dinge, die ich für mich tun sollte. Bei denen ich versagte.

Das Ganze fühlte sich richtig für mich an – in meinem Inneren gab es immer noch eine Zwanzigjährige, deren Zugang zur Welt über Obsession und Kontrolle funktionierte, über Anerkennung durch Männer und die Fähigkeit, mich in genau die dafür nötige Form zu pressen –, und gleichzeitig fühlte es sich falsch an: schrecklich falsch, auf bösartige Weise falsch, im besten Fall als Versuch, Frauen zum Geldausgeben zu animieren, und im schlimmsten Fall als Versuch, uns abzulenken und gefügig zu machen. Wir sollten zu beschäftigt damit sein, unsere Poren zu inspizieren, um noch irgendetwas vom Rest der Welt mitzubekommen.

Manchmal fragte ich Tim: *Hast du dir schon mal gewünscht, ich hätte diese eine Linie da an der Augenbraue nicht? Hast du dir schon mal gewünscht, meine Haut wäre besser hydriert und frischer? Wäre ich hübscher, wenn meine Lippen einen Millimeter mehr Volumen hätten?*

Hä?, sagte er dann. *Nein.*

Ich wurde auch durch die wachsende Anzahl an Kommentaren unter meinen Videos beeinflusst, die auf die Frage abzielten, wie ich wohl aussah. Ein Großteil ließ sich mit Neugier erklären. Manche Leute folgten meinen Katzen und meinen Rettungsberichten seit Jahren, ohne ein Bild von mir vor Augen zu haben oder auch nur meinen Namen zu kennen. Aber einige waren hartnäckiger, spezifischer, als versuchten sie, mich anzustacheln. *Wenn sie ihr Gesicht bis jetzt noch nicht gezeigt hat, dann ist sie wahrscheinlich hässlich lol*, schrieb zum Beispiel jemand. Ich schaute in den Spiegel. *Schon möglich*, hätte ich gern geantwortet. Ich sah nach dem Preis für das Faltentape, das mir ein ganz neues Leben versprach.

Die Details, die ich an mir in Ordnung bringen, die Dinge, die ich perfektionieren sollte: Es schien, als wäre seit meiner Jugend alles noch viel schlimmer geworden. Selbst wenn ich gewollt hätte, hätte ich niemals mithalten können. Ich war froh, dass ich es nicht versuchen musste. Ließ ich mich gehen, wenn ich mich keiner Hautpflege-Routine mit sieben Schritten verschrieb? Gab ich mich auf, wenn meine Hosen nicht mehr passten? Wen ließ ich im Stich, wenn ich mich gehen ließ?

Wenn ich keine Wimpernzange benutzte und seit zwei Jahren dieselbe verkrustete Mascara, wenn ich überhaupt kein

Make-up mehr trug. TikTok zeigte mir weiter Videos zu einem Serum, das meine Wimpern würde wachsen lassen. Als Teenie hatte ich mir nach Panikattacken zur Beruhigung eine Wimper nach der anderen ausgezupft. Was für eine Erleichterung festzustellen, dass ich überhaupt nicht mehr über meine Wimpern nachdachte. Was für ein Seelenfrieden.

Wie lange dauert deine abendliche Hautpflege-Routine?, fragten die TikTok-Videos. *So mache ich mein Make-up in unter einer halben Stunde. Komplette Haarwasch-Prozedur in weniger als zwei Stunden!* Zeit hatte für mich eine ganz neue Bedeutung gewonnen: Wie viele Stunden dauerte es, eine Katze in die Falle zu locken? Wie lang war die Fahrt zum örtlichen Tierheim? Wie lange sollte ich aufbleiben, um noch eine halbe Stunde im Dunkeln in der Auffahrt sitzen zu können? Würde ich noch all meine Katzenfutter-Lieferungen schaffen, wenn ich am Morgen duschte? Manchmal fragte ich mich, wie viel Zeit und Geld ich seit meiner Kindheit für mein Aussehen aufgewandt hatte, wie viel meiner Gehirnzellen für diese lebenslange Inszenierung von Schönheit draufgegangen waren. Was mich das gekostet hatte.

Das Katerchen vom Parkdeck des Krankenhauses, Benz, war unverletzt. Er hatte ein Bad bekommen, eine ordentliche Mahlzeit, ein Heizkissen in einem weichen Katzenbett. In seiner kleinen Box im Tierheim rollte er sich gerne auf den Rücken und forderte, dass man ihm den Bauch kraulte. Der war so klein, dass dazu ein Finger reichte.

Erkennst du mich wieder, Kleiner?, fragte ich ihn, als ich ihn vor seiner Vermittlung besuchte. Ich war eine andere Version von mir als noch an dem Abend, an dem ich ihn aus dem Auto gezogen hatte. Ich trug eine saubere Hose und saubere Schuhe, meine Haare waren frisch geföhnt, meine Augenbrauen nachgezeichnet. Manchmal fühlte ich mich, als ließe ich mich gehen, und manchmal fühlte ich mich, als risse ich mich wieder zusammen, als würde ich eine stabilere Version von mir selbst erschaffen. Mir wurde klar, dass es verschiedene Versionen von mir gab, die alle gleichzeitig existieren konnten.

Inzwischen schätzte ich meine Momente mit den Katzen nicht mehr nur als Flucht vor mir selbst, als Gelegenheit, zu vergessen, dass ich überhaupt in meiner leiblichen Form existierte, sondern als Möglichkeit, ein wahrhaftigeres Selbstgefühl zu gewinnen, eine Version von mir, in der ich aussah, wie ich eben aussah, ohne dass es eine Rolle spielte. Den Katzen war es egal. Ich strich Benz mit dem Zeigefinger über das weiche Bäuchlein, nicht größer als eine Kiwi, und sein herzhaftes Schnurren ertönte. Seine kleine graue Nase, seine leisen Tierlaute.

Es waren die Katzen – die Katzen in der Auffahrt, die Katzen, die ich überall in der Stadt einfing, die ich rettete oder nicht retten konnte –, die mich davor bewahrten, in eine Identitätskrise zu schlittern, als ich dreißig wurde und mich nicht mehr so attraktiv fühlte. *Wen interessiert's*, denke ich heute bei mir, wenn ich beim Blick in den Spiegel meine unregelmäßig nachwachsenden Augenbrauen sehe. Da draußen warten kleine Tiere. Da sind Menschen, die sich auf mich verlassen. Da sind Leid und Schmerz und Fürsorge, da sind helle, strahlende Hoffnungsschimmer in der Welt. Da sind kleine, weiche Kätzchen, die unter meinen Fingern schnurren. Und ich soll mir Sorgen um mein Aussehen machen? Ich soll die Falte zwischen meinen Augen nachfahren und glauben, ich hätte versagt?

Der Hotdogmann

Der Hotdogmann kam immer nach Anbruch der Dunkelheit. Anders konnte es nicht sein: Jeden Abend zogen sich die Katzen in Bäume, Dachvorsprünge und die Radkästen von Autos zurück, hungrig lauernd, und jeden Morgen fanden wir sie, wie sie sich an schleimigen Stücken von Hotdogs labten, die über den ganzen Boden verstreut lagen.

Diese neue Kolonie war von einer Frau namens Taylor entdeckt worden, nachdem sie in eine Wohnung im Westen der Stadt gezogen war und kaum glauben konnte, was sie da im Dunkeln sah, die Dutzenden leuchtenden Augen, die sie aus ihrem kleinen Garten anstarrten. Sie war zweiundzwanzig, frisch vom College und begann gerade ihr erstes Jahr als Lehrerin. Sie erzählte all ihren Freunden davon, dass zu ihrer neuen Wohnung offenbar dreißig Katzen gehörten.

Warte mal, sagte eine Freundin. *Folgst du dieser Lady auf Instagram? Mit den dreißig Katzen?*

So verschlug es mich zu Taylors Haus, wo ich beobachtete, wie die Katzen ihren Zaun erklommen und aufs Dach sprangen, wie sie unter ihrem Auto hervorschlichen, sich unter dem Zaun zum Nachbargrundstück durchschoben und in die Dunkelheit davonflitzten. Ich kundschaftete eine neue Umgebung immer erst aus, bevor ich mich an die Arbeit machte. Am liebsten kam ich kurz vor Sonnenuntergang, um alles noch bei Tageslicht zu sehen, die Löcher unter den Zäunen, die kleinen Nischen, an denen Katzen sich aufhalten, die Hotspots. Ich hielt Ausschau nach Näpfen, nach Lagern, nach Trockenfutter am Boden. Anzeichen, dass sich jemand kümmerte, Hinweise darauf, wen ich ansprechen sollte. Und als es dunkel wurde, sah ich die Katzen selbst, alle auf einmal tauchten sie auf, auf dem ganzen Grundstück.

Jup, sagte ich. *Du hast definitiv dreißig Katzen.*

Ich hatte Taylor große Wasserschüsseln und Katzenfutter mitgebracht, und als wir uns nach guten Plätzen für die Sachen umschauten – unauffällig, damit sie keinen Ärger bekam, weil sie die Katzen fütterte –, entdeckte ich auf dem Boden immer wieder verschrumpelte sandige Fleischstückchen. *Was ist das?*, fragte ich Taylor. *Was liegt denn da überall rum?*

Ach ja, sagte sie. *Das sind die Hotdogs.*

Ich hörte Dinge über den Hotdogmann, lange bevor ich ihm begegnete, setzte Teile aus den Geschichten von Taylors Nachbarn zusammen wie Fetzen einer Urban Legend. Er hatte irgendwann einmal dort gewohnt, in dem Haus mit den Katzen. Wie lange das her war, konnte keiner mehr sagen. Ein paar Monate? Ein paar Jahre? Er hatte die Katzen gefüttert, als er noch in dem Haus gewohnt hatte, dann war er ausgezogen, kam aber jede Nacht, von wo auch immer er jetzt lebte, zurück und sorgte dafür, dass sie weiter zu fressen bekamen.

Aber nur Hotdogs, sagte ein Nachbar.

Das stimmt, sagte ein anderer. *Nie Katzenfutter.*

Sie schienen es zu genießen, mit mir zu sprechen, freuten sich, nützliche Informationen zu haben.

Ein Nachbar erzählte, der Hotdogmann habe die Katzen nicht freiwillig verlassen. Er sei aus der Wohnung geworfen worden. Ein anderer meinte, als er noch dort wohnte, habe er immer seine Tür offen stehen lassen, damit alle dreißig Katzen nach Herzenslust ein und aus gehen konnten. Der erste Nachbar zuckte mit den Schultern und sagte: *Wahrscheinlich ist der deswegen rausgeflogen.*

Die Katzen waren mager und kränklich und hatten den matten Blick, den Katzen bekommen, wenn sie ihre ganze Energie ins Überleben stecken müssen. Sie waren nicht zutraulich, stoben auseinander, wenn ich ihnen zu nahe kam. Es gab viele Kätzchen. Es gab auch viele Kätzinnen, die gerade geworfen hatten, mit geschwollenen Zitzen, ein Zeichen dafür, dass sie irgendwo handflächengroße Kätzchen versteckt hielten. Die Katzen waren nicht am Verhungern, sie fraßen ja Hotdogs, offenbar raue Mengen davon, aber gut sahen sie nicht aus.

Er fährt einen goldenen Mustang, erzählte ein Nachbar. *Er kommt jeden Abend mit Hotdogs und Milch.*

An diesem ersten Abend blieb ich, so lange ich konnte, in der Hoffnung, dem Hotdogmann über den Weg zu laufen. Ich wollte ihn wissen lassen, dass ich ihm mit den Katzen helfen, sie alle kastrieren lassen konnte, bevor sie sich weiter vermehrten. Ich wollte ihm Katzenfutter anbieten. Ich wollte ihm dafür danken, dass er sich so um die Katzen gesorgt hatte, dass er jeden Abend dort vorbeikam. Ich wollte ihn fragen: *Wieso Hotdogs?*

Aber bis Mitternacht war keine Spur von ihm zu sehen. Ich hinterließ meine großen Näpfe mit Katzenfutter, frisches Wasser und eine Nachricht für ihn, in der ich mich vorstellte und meine Hilfe anbot, dazu meine Nummer, einen lächelnden Smiley und eine kleine Zeichnung von einer Katze. Als ich am Morgen zurückkam, war der Zettel weg und der Boden voller Hotdogs.

Ich habe schon Streunerkatzen gesehen, die Hundefutter fressen oder Fischfutter, Katzen, die an Pizzarändern knabbern, Katzen, die nasse Häufchen Baked Beans aufschlabbern, Katzen, die vegetarisches Lo-Mein aus einem Take-out-Container schlürfen, ihr ganzes Körpergewicht nach hinten verlagert, um die langen, baumelnden Nudeln herauszuziehen. Ich habe Katzen Pommes fressen sehen, alten Kopfsalat, Lammcurry. Sogar riesige Schalen Kartoffelsalat mit glibberiger Mayo, die den ganzen Tag in der Sonne von Arizona gestanden hatten und bei deren Geruch sich mir der Magen umdrehte.

Mehr Menschen, als man denkt, kaufen die billigsten Nudeln, die sie auftreiben können, kochen sie und mischen sie mit Trockenfutter, mit altem Aufschnitt, mit allem Möglichen, damit es länger reicht. Sie stellen das Futter in großen Behältern für die Straßenkatzen raus, die in ihrem Hinterhof leben, in ihrer Auffahrt, auf der Veranda, für die Katzen in ihren Trailer Parks, Wohnanlagen oder der Ladenzeile um die Ecke, Katzen, die in einem Frühling unter ihrem Schuppen hervorgekrochen und nie wieder gegangen waren. Katzen, für die zu sorgen sie nie vorgehabt hatten, die sie sich nicht leisten konnten, was sie aber nicht davon abhielt, es zu versuchten. Katzen, die trotzdem noch Hunger hatten. Die sich weiter vermehrten, weil sie noch nie beim Tierarzt waren.

All unsere unvollkommenen Akte der Fürsorge für kleine Tiere. Was war also dabei, wenn diese Katzen nur Hotdogs fraßen? Ich hatte schon viel hungrigere Streuner gesehen.

Ich fing zehn der Katzen draußen vor Taylors Haus und gab ihnen Namen mit Hotdog-Bezug. Frank, Ketchup, Footlong. Das Gebäude teilte sich einen Maschendrahtzaun mit dem verlassenen Nachbargrundstück, von dem die Katzen kamen. Als ich bei Abenddämmerung vorfuhr, wirkte das Gelände zunächst leer, ich sah nur alten Müll und Gestrüpp, bis ich durch die Maschen im Zaun spähte und die Augen zusammenkniff. Die meisten der Katzen waren graubraun getigert, und wenn sie sich nicht bewegten, verschmolzen sie mit der Umgebung.

Taylor hatte angefangen, jeden Abend um sechs Futter rauszustellen, große gehäufte Näpfe voll, und zwölf Stunden später, jeden Morgen, las sie die über Nacht aufgetauchten Hotdogs auf. Zu dieser Zeit trugen sie bereits kleine Bissspuren, waren angeknabbert und schleimig, mit Dreck bestäubt wie gepuderte Donuts, nachdem die Katzen sie mit den Pfoten hin und her gewälzt hatten.

Ich legte es immer noch darauf an, dem Hotdogmann zu begegnen. Ich wollte mich als freundliche Präsenz etablieren, ihn zumindest wissen lassen, dass wir den Katzen nichts taten. Wenn er jetzt in stockdunkler Nacht auftauchte, um seine Katzen zu füttern, würde er manche von ihnen mit rasierten Bäuchen vorfinden, mit frischen OP-Narben und gekappten Ohrenspitzen als Zeichen dafür, dass sie kastriert waren. Ich hinterließ weiter Zettel. *Danke, dass Sie die Katzen hier füttern! Wir lassen sie kastrieren. Wir tun ihnen nichts.* Darunter immer meine Nummer.

Wann immer mein Handy klingelte, ging ich ran. Wenn ich auflegte, sah Tim mich an und fragte: *Schon wieder eine Umfrage? Warum hebst du denn immer ab?*

Ich schaute ihn an, als wäre das offensichtlich. *Ich dachte, es ist vielleicht der Hotdogmann.*

Ich brachte andere Freiwillige zum Einfangen der Katzen mit, sodass wir paarweise ausschwärmen und Fallen in Taylors Hof, auf dem leeren Grundstück nebenan und der Gasse hinter dem Gebäude aufstellen konnten. Im Viertel waren ziemlich viele Leute unterwegs, nicht alle begegneten uns freundlich. Jeden Abend, bevor wir unsere Fallen aufstellten, trommelte ich die Gruppe für eine kleine Besprechung zusammen, erklärte ihnen das Vorgehen und erinnerte alle daran, nur zu zweit loszuziehen, eine Taschenlampe mitzunehmen und mich zu holen, wenn sie Hilfe brauchten. Und ich schärfte ihnen ein: *Haltet die Augen nach einem goldenen Mustang auf. Das ist der Hotdogmann.*

Es gibt einen älteren Mann, der den Katzen in seinem Schuppen jeden Abend ein ganzes gekochtes Hähnchen hinlegt. Wochenlang habe ich versucht, ihn zu überzeugen, das Fleisch von den Knochen zu lösen. *Sie mögen es so*, sagte er immer wieder und legte ein weiteres ganzes dampfendes Hähnchen mit seiner seltsam gerupften Haut auf den Haufen aus Hühnerknochen in der Schuppenecke.

Irgendwann begann eine der Katzen trocken zu husten, sich auffällig zu verhalten, mit den Pfoten ihr Maul zu betasten, und kletterte nach einigen Tagen der Futterverweigerung endlich in eine Falle. Der Tierarzt gab ihr eine Betäubung, untersuchte sie und stellte fest, dass ihr ein ganzer Hühnerknochen, elastisch und splitternd, quer im oberen Gaumen feststeckte. Ich versuchte erneut, dem Mann zu erklären, dass Katzen nicht einfach so an die Knochen kommen durften. Dass das richtig schlimm hätte enden können. *Sie mögen es so!*, sagte er immer wieder und wurde gleichzeitig wütend und weinerlich. *Du redest ja, als wären mir die Katzen egal.*

Ich sah alles deutlich vor mir: den Dampf, der in diesem heißen Sommer jeden Tag von den auf seinem Herd kochenden Hühnern aufstieg. Den Preis eines ganzen Hähnchens. Wie er sich vorsichtig fortbewegte, Tennisbälle unter seiner Gehhilfe, quer durch den Hof zum Schuppen. Wie sich die Katzen um ihn scharten. Wie sanft er ein weiteres tägliches Hähnchen auf den Boden legte. Wie er selbst notfalls nichts aß, um es sich leisten zu können. Die Freude, mit der er beobachtete, wie die Katzen die Fleischstreifen abzogen. Seine Hingabe.

Er wiederholte es noch einmal: *Du redest ja, als wären mir die Katzen egal.*

Einer der Nachbarn erzählte uns, der Hotdogmann spreche vor allem Spanisch. Ich nahm meine Nachricht ab. Übersetzte sie ins Spanische. Brachte sie wieder an.

Vielleicht kann er nicht lesen?, sagte der Nachbar.

Ich wollte mit dem Hotdogmann sprechen, weil wir mit seiner Unterstützung die restlichen Katzen fangen konnten, weil die Hotdogs, die er jede Nacht hinterließ, zunehmend zu gesundheitlichen Problemen führten und ich ihn wissen lassen wollte, dass sich jetzt jemand anders um sie kümmerte. Dass sie richtiges Futter bekamen, dass Taylor immer nach ihnen schaute, dass er mich jederzeit anrufen konnte. Dass er das nicht allein machen musste.

Irgendwie erinnerten mich die Hotdog-Katzen an meine eigenen. Vielleicht, weil es dreißig waren oder weil auch Taylor eine junge Frau war, die sich um die Tiere sorgte, aber nicht wusste, wie sie ihnen helfen sollte, oder weil die Katzen noch mehr Zuwendung brauchten, obwohl alle ihr Bestes gaben. Es war mir wichtig, zu überlegen, was ich anders gemacht hätte, wenn ich damals, als ich meine Katzen entdeckt hatte, über die Ressourcen und das Wissen von jetzt verfügt hätte, und es dann bei den Hotdog-Katzen genau so zu machen, in der Lage zu sein, mit anzupacken und Taylor die Hilfe anzubieten, die ich mir selbst gewünscht hätte.

Für meinen ersten Besuch lud ich das Auto mit Katzenfutterspenden voll, Edelstahlnäpfen, Katzentürmen und Kratzbäumen. Ich kam mit meinen Fallen vorbei, nahm zehn Katzen mit und kehrte mit denselben zehn zurück, nur in einem etwas glücklicheren, gesünderen Zustand, und zwar umsonst. Ich stellte mir vor, wie es für mich hätte sein können, wenn irgendjemand so bei mir aufgetaucht wäre und gesagt hätte: *Ich weiß, es ist komisch, plötzlich dreißig Katzen zu haben, aber ob du es glaubst oder nicht, es gibt viele von uns. Viele, die sich sorgen.*

Vielleicht habe ich mich auch im Hotdogmann wiedererkannt. Ich wusste nichts über ihn. Aber ich hatte selbst genug Nächte damit verbracht, meinen Katzen in der Auffahrt das zu füttern, was ich mir leisten konnte, und mich als ihre alleinige Beschützerin zu fühlen, als einziger Mensch, der sie angemessen lieben konnte. Diese Katzen waren ihm wichtig genug, um jede Nacht hierherzufahren, bei jedem Wetter, vermutlich nach einem Arbeitstag. Nie ließ er eine Nacht aus. Kaufte er jeden Tag Hotdogs?

Hatte er einen ganzen Kühlschrank voll damit? Bestimmt fühlte er sich in seinem Einsatz für die Katzen allein. Bestimmt wusste er, dass die Nachbarn ihn für verrückt hielten. Das war alles, was ich ihm eigentlich sagen wollte: dass ich ihn nicht für verrückt hielt.

Ich verstehe das, wollte ich sagen. *Es gibt viele von uns, die sich sorgen.*

Meine Arbeit liegt irgendwo in der Dissonanz zwischen dem, was Tiere von uns brauchen, und dem, was wir ihnen geben wollen. Im Spannungsfeld zwischen dem Wunsch, Katzen zu helfen, und dem Wunsch, das *Gefühl* zu haben, ihnen zu helfen. Katzen die Unterstützung zu bieten, von der wir glauben, dass sie sie brauchen, die Unterstützung, mit der wir uns gut fühlen. Uns abends beim Zubettgehen auf die Schulter zu klopfen, in dem Wissen, dass die Katzen versorgt sind, während sie sich draußen um eine Schale mit Milch versammeln, die sie nicht verdauen können, um ein altes Hähnchen, das sie krank macht. Um einen Nudelsalat, der sie ölverschmiert und unterernährt zurücklässt.

In den ersten Tagen in meiner Auffahrt hatte ich den Katzen Leckerli gegeben und Spielzeug: kleine Plastikbälle, baumelnde Bänder, flüssige Snacks, die ich den Katzen direkt aus dem Beutel in die hungrigen Mäuler quetschte. Ich nähte selbst Spielsachen, schlug Katzenminze in Stoffreste ein. Tag und Nacht verbrachte ich mit den Katzen, weinte bittere Tränen der Hilflosigkeit.

Als ich das erste Mal eine andere Retterin traf, die Person, die mir beibrachte, eine Falle aufzustellen, erklärte sie mir, dass ich nicht genug tat. Ich bräuchte mehr Wasserschüsseln, ich fütterte das falsche Futter, hätte sie nicht zum Tierarzt gebracht. Sie sagte mir, dass ich mich nicht richtig um sie kümmerte. Ich, die ich die ganze Nacht mit den Katzen wach blieb, sie von der Straße scheuchte, sie jede Stunde durchzählte, um sicherzugehen, dass noch alle lebten. *Offensichtlich*, hatte sie gesagt, *sind dir die Katzen egal.*

Ich machte noch einen Versuch und blieb bis spätabends bei Taylor, hielt Ausschau nach dem Hotdogmann. Ich wusste nicht, wann es so weit wäre, aber er würde kommen. Noch nie hatte er eine Nacht ausgelassen.

Meine erste Erkundungsmission bei Taylor lag inzwischen sechs Wochen zurück, und dem Hotdogmann mussten die Veränderungen aufgefallen sein. Er musste die Futternäpfe bemerkt haben, die Taylor jeden Abend rausstellte, das frisch aufgefüllte Wasser, die Kratzbäume. Er musste bemerkt haben, dass die verkrusteten Augen der Katzen jetzt klar waren, nachdem die Antibiotika endlich Wirkung zeigten. Fiel ihm auf, dass keine neuen Kätzchen geboren wurden? Wusste er, was die gekappten Ohrspitzen bedeuteten? Sie kamen nach und nach, diese Veränderungen, aber inzwischen war schwer zu übersehen, wie gut die Katzen aussahen.

Trotzdem brachte er Hotdogs.

In dieser Nacht hörte ich sein Auto, bevor ich es sah. Taylor war auch da, wartete mit mir auf den Hotdogmann, und bemerkte ihn zuerst. *Das ist ein Mustang*, sagte sie, und wir schauten beide die Auffahrt entlang, um zu sehen, ob er golden war. Die Katzen hatten das Auto auch gehört. Sie rotteten sich zusammen, kamen aus ihren Schlupfwinkeln gekrochen, tauchten plötzlich aus allen Richtungen auf.

Es wirkte auf einmal lächerlich, dass wir uns die Nächte um die Ohren geschlagen hatten, um die letzten fünf sturen Exemplare mit Katzenfutter, Thunfisch und Brathähnchen zu fangen, dass wir stundenlang im Dunkeln ausgeharrt hatten, um herauszufinden, wo sie sich versteckten, wenn es eine einfache Sache gab, die sie im Handumdrehen aus der Reserve lockte: der Hotdogmann.

Der Mustang war golden. Er fuhr halb in die Auffahrt, und Taylor und ich standen auf, lächelten, bemühten uns zugänglich zu wirken. Ich versuchte, mental ein stummes Signal zu übermitteln, eine telepathische Botschaft: *Wir lieben Katzen auch! Wir tun ihnen nichts!*

Die Katzen säumten jetzt die Auffahrt. Der Hotdogmann bemerkte uns.

Er legte den Rückwärtsgang ein, setzte zurück auf die Straße und raste davon. Wie hörten, wie der Wagen das Viertel verließ, sich weiter und weiter entfernte.

Denkt er, er kriegt Ärger?, fragte Taylor.

Ich schüttelte ratlos den Kopf. Wusste er, dass wir seine Hotdogs jeden Morgen aufsammelten und wegwarfen? Hatte er Angst, dass wir mit ihm schimpfen wollten?

Die Katzen waren verwirrt, sahen einander an und dann zurück auf die Straße, fragten sich, wohin das ihnen so bekannte Auto verschwunden war. Ich füllte ihre Näpfe auf und legte ein paar Leckerli aus, aber sie beachteten mich gar nicht. Sie wollten nur den Hotdogmann.

Eine Frau, die sich keinen Tierarztbesuch leisten konnte und nicht wusste, wie sie die für Dermatophytose typischen roten Kreise behandeln sollte, die die Katzen in ihrer Nachbarschaft immer wieder entwickelten, versuchte es mit Wick VapoRub. *Sie lassen sich nicht richtig von mir anfassen*, erklärte sie mir. *Aber ich schleiche mich an, wenn sie gerade fressen, und klatsche ihnen einen Batzen drauf.*

Und das wirkt?, fragte ich.

Nein, entgegnete sie, ohne es näher auszuführen.

Es fasziniert mich, was Menschen unter Fürsorge verstehen, was sie motiviert, was sie auf sich nehmen. Was sie alles ausprobieren. Manchmal ist es einfach Verzweiflung: Sie kratzen das zusammen, was sie sich eben leisten können. Die Reste, die alten Pizzaränder, die Versuche einer Behandlung, ohne zum Tierarzt zu gehen. Manchmal ist es Unwissenheit. Die Kluft zwischen der Fürsorge, die wir geben wollen, und der, zu der wir in der Lage sind.

Ich notiere gerne all die missglückten Mühen, all die skurrilen Aktionen: Frau füttert Katzen nur Hundefutter; Mann gibt Kätzchen Hafermilch; Frau überzeugt, Mayonnaise sei gut fürs Fell; Frau behandelt Katzen mit Vinaigrette gegen Flöhe; Frau strickt eigenhändig Katzenbetten, glaubt aber nicht an Kastration; Frau backt extra Rührkuchen für die Streuner; Mann hört nicht auf, Untertassen mit Milch neben den Müllcontainer zu stellen; Katzen fressen übrig gebliebene Frühlingsrollen; Katzen fressen gekochte Zwiebeln; Katzen fressen schimmliges Müsli; Frau will es erst mit Erkältungsmedikament für Menschen versuchen, bevor sie verletzte Katze zum Tierarzt bringt; Mann arbeitet in Eisdiele und bringt den Katzen Schlagsahne mit; Frau macht Katzen täglich Rührei; Mann fährt seit Jahren jede einzelne Nacht quer durch die Stadt, um Hotdogs für die Streuner auf der Straße zu verteilen, möglicherweise schon seit Jahren.

Eines Morgens bekam ich eine Nachricht von Taylor. *Ich hab eben den Hotdogmann getroffen.*

Ich schrieb zurück: *!!!!*

Ich nahm an, sie sei noch spät draußen gewesen und ihm zufällig über den Weg gelaufen, als er gerade vor ihrem Haus seine Hotdogs auswarf. Ihre Nachricht verriet nicht, wie das Aufeinandertreffen gelaufen war, ob er Angst vor ihr hatte oder ihr dankbar war oder wütend auf sie. Nach allem, was wir von den Nachbarn gehört hatten, betrachtete der Hotdogmann alle dreißig Katzen als seine eigenen, und es hätte mich nicht gewundert, wenn er uns böse gewesen wäre, weil wir uns in ihre Versorgung eingemischt hatten. Hatte er die Hotdogs im Müll entdeckt? *Wir haben ja versucht, Kontakt aufzunehmen*, hörte ich mich schon sagen.

Gib ihm meine Nummer, wollte ich Taylor gerade antworten. *Ich rede mit ihm.*

Aber dann schrieb Taylor: *Er hat bei mir geklingelt. Wollte sich bedanken.*

Als ich den zweiten Abend bei Taylor gewesen war, um Katzen einzufangen, hatte ich versehentlich ein paar Fetzen von alten Betttüchern dort liegen lassen. Ich hatte sie benutzt, um die Fallen mit den gefangenen Katzen abzudecken. Das hält sie ruhig. Die Laken waren uralt, verschlissen, in kleine Stücke geschnitten. Mehr als einen halben Zentimeter Polsterung konnten sie kaum bieten. Aber am nächsten Morgen schliefen Katzen darauf.

In den Wochen danach brachte ich Katzenbetten mit, die weichsten, die ich finden konnte, und platzierte sie in einer Reihe neben Taylors Haus, wo der Überhang des Dachs sie vor der Witterung schützte. Die Katzen drängten sich in die Betten. Zwei von ihnen, die wir Mustard und Relish getauft hatten, teilten sich jede Nacht ein Bett, die kleinen Pfoten umeinandergelegt. Ein großer roter Kater, den ich Oscar Mayer genannt hatte, beanspruchte das weichste Bett für sich, das in der Form eines riesigen Eimers mit fünfzehn Zentimetern Schaumstoff. Sein Blinzeln drückte Zufriedenheit aus.

Der Hotdogmann hatte die Betten gesehen. Sie gaben den Ausschlag. Nicht die Tierarztbesuche, nicht die großen Näpfe. Nicht die Tatsache, dass die Katzen jetzt glänzenderes Fell hatten und langsam zunahmen, weil sie Zugang zu Katzenfutter hatten. Die Betten waren es gewesen, die ganze Reihe, von denen jedes vor gemeinsam eingerollten Katzen überquoll. Sie hatten ihn überzeugt, uns zu vertrauen.

Er hatte Tränen in den Augen, schrieb Taylor. *Er heißt Francisco.*

Inzwischen bin ich die wütenden Emojis unter meinen Social-Media-Beiträgen gewohnt. Manchen Followern fällt es schwer, nicht mit Wut auf die Leute zu reagieren, die ich in meinen

Texten erwähne, über die ich in meinen Geschichten schreibe. Menschen, die seit Jahren Streuner füttern, ohne sie je zu kastrieren, Menschen, deren Fütterungsversuche die Katzen krank machen, Menschen, die verletzte Katzen nicht rechtzeitig zum Tierarzt bringen. All das unbeabsichtigte Leid.

Wie kann man so ein schrecklicher Mensch sein?!, fragen die Kommentare. So schrecklich, so dumm, so gleichgültig. *Wie kann denen das so egal sein?*

Können wir Mitgefühl für Menschen aufbringen, deren Bemühungen um Fürsorge versehentlich Schaden anrichten? In all der Zeit, in der ich in Gassen herumgeschlichen, unter die Verkleidungen von Wohnmobilen gekrochen bin, in der ich Nachrichten an Müllcontainern, Wasserschüsseln und Katzenbetten hinterlassen habe, sind mir Leute begegnet, die ihr Budget sprengen, lang aufbleiben, das letzte Essen in ihrem Kühlschrank mit der Streunerkatze vor ihrer Tür teilen. Menschen, die Katzenbetten nähen, quer durch die Stadt fahren, bei schlechtem Wetter Rucksäcke mit Katzenfutter durch die Straßen schleppen. Die Nachrichten, die sie mir zurückschreiben, die krakeligen Handschriften, die verqueren Versuche, die Katzen zu lieben: Ich bringe es nicht über mich, Groll gegen diese Menschen zu hegen. Ich habe so außergewöhnliche Bemühungen um Fürsorge gesehen.

Den Namen des Hotdogmanns zu erfahren war, als würde ich ein scharfes Foto von Bigfoot vorgelegt bekommen. Francisco. Ich konnte nicht fassen, dass Taylor ihn ohne mich getroffen hatte. Ich löcherte sie mit Fragen. Wie spät war es, als er kam? Wie lange füttert er die Katzen schon? Warum die Hotdogs?

Taylor zuckte mit den Schultern. *Es sah ein bisschen aus, als ob er in seinem Auto wohnen würde.*

Der goldene Mustang. Ich sah ihn vor mir, vollgestopft mit all seinen Habseligkeiten, mit seinem ganzen Leben. Hatte er deshalb bei seinem Auszug keine der Katzen mitgenommen?

Ich glaube, ein paar von den Katzen waren seine Haustiere, sagte Taylor. *Und er musste sie dalassen.*

So entstehen viele Katzenkolonien. Aus ein paar verlassenen, nicht kastrierten Katzen können in weniger als einem Jahr dreißig Stück werden. Ich fragte mich, wie es für Francisco war, jede Nacht zurückzukommen und seine geliebten Haustiere, die er nicht in seinem Auto halten konnte, durch die Dunkelheit stromern zu sehen. Zu sehen, wie sie immer mehr wurden, Dutzende, wie sie alle immer hungriger, immer verzweifelter wurden, während Francisco in seinem goldenen Mustang tat, was er konnte. Ich wollte wissen, wie viele Hotdogs er jedes Mal kaufte.

Eines Morgens stand Taylor auf, und draußen auf dem Boden lagen keine Hotdogs. Den Katzen schien das egal zu sein. Sie hatten das Interesse an den Hotdogs nach und nach verloren, als sie sich an den allabendlichen Nachschub an Katzenfutter gewöhnt hatten. Sie blieben in ihren Betten liegen.

In der nächsten Nacht kam der Hotdogmann wieder, in der darauf ebenfalls. Er hatte sich wohl nur eine Nacht freinehmen müssen.

Taylor sah ihn jetzt häufiger. Manchmal hinterließ er einen Zettel mit großer, krakeliger Handschrift bekritzelt. *KEIN HANDY*, stand auf einem. Taylor schickte mir ein Foto von der Notiz.

Deshalb hat er nie angerufen, schrieb sie.

Inzwischen hatten wir alle dreißig Katzen zum Tierarzt gebracht. Es gab keine Kätzchen mehr, keine grassierenden Krankheiten. Wir hatten angefangen, mit Stroh gefüllte Unterschlüpfe für die kühleren Tage zu bauen. Taylor stellte fleißig jeden Morgen Wasser und jeden Abend Futter raus. Ich kaufte Katzenspielzeug mit Hotdog-Bezug, kleine Corn Dogs und Ketchuptütchen aus Plüsch. Ich fragte mich, ob Francisco sie bemerkte. Ob er sie süß fand.

An dem Abend, als ich ihn schließlich traf, hatte ich es gar nicht darauf angelegt. Ich fing keine Katzen. Ich blieb nicht länger, um auf ihn zu warten. Ich lieferte gerade das Katzenfutter für die kommende Woche, als ich Motorgeräusche hörte. Er war früh dran. Die Katzen spitzten die Ohren.

Er parkte den goldenen Mustang in der Auffahrt, die einmal seine gewesen war. Seine alte Wohnung stand immer noch leer. Manchmal schien es, als würde es niemanden scheren, wenn er einfach bleiben und wieder zu seinen Katzen ziehen würde. Als ich den Gedanken einmal laut aussprach, schüttelte einer der Nachbarn den Kopf. *Er kommt nachts, weil der Vermieter ihm verboten hat, das Grundstück zu betreten*, sagte er. *Wegen der Katzen.*

Francisco blieb einen Moment im Auto sitzen, hinter den dunkel getönten Scheiben, und ich fragte mich, ob er mir aus dem Weg ging. Ob er gleich wenden und wegfahren würde. Als er den Motor abstellte und ausstieg, wurde mir klar, womit er beschäftigt gewesen war. Er hatte eine Achterpackung Hotdogs aufgemacht.

Francisco, sagte ich und ging auf ihn zu. Es war seltsam, seinen Namen auszusprechen, seltsam, ihn endlich zu sehen, nachdem ich mir monatelang einen gesichtslosen Mann in einem goldenen Auto vorgestellt hatte, der Hotdogs aus dem Fenster wirft. Und irgendwie sah er genau wie in meiner Fantasie aus. Vielleicht etwas netter. Er hatte ein breites, vergnügtes Grinsen.

Ah, sagte er und streckte die Hand aus. *Ich hab schon von dir gehört.*

Ich fragte mich, was die Nachbarn sich über mich erzählten. Die Frau, die mit großen Metallkäfigen Katzen fing, die ihre Hotdogs wegwarf, ihre Milch wegschüttete. Die Hotdog-Spielzeug anschleppte, als wäre das alles ein Witz. Die Frau, die auf den Mann mit dem goldenen Mustang wartete.

Zwischen Francisco und mir gab es eine Sprachbarriere. Er deutete die meiste Zeit lächelnd auf die Katzen, legte dankbar die Hände ineinander und wedelte mit seiner Hotdog-Packung. Ich wollte ihn alles fragen. Wollte seine ganze Lebensgeschichte hören, alles, was ihn hierhergeführt hatte. Er hatte die Fahrertür offen stehen lassen, und ich gab mir Mühe, nicht zu offensichtlich ins Auto und auf seine Sachen zu starren, schielte aber immer wieder hin, während er in die Hocke ging und die Katzen streichelte. Ich versuchte, so viele Informationen über ihn aufzusaugen wie möglich.

Er trug einen breitkrempigen Hut. Gerade saß er bei einer schwarzen Katze, einer von denen, die mal seine Haustiere gewesen waren, hielt die Hotdog-Packung schräg und ließ ihr die Flüssigkeit direkt ins Maul tropfen. Ich bemerkte, dass in der Achterpackung schon ein Hotdog fehlte. Er hatte sie eben im Auto nicht nur ausgepackt. Er hatte einen gegessen.

Als ich später Taylor davon erzählte, nickte sie. *Das hab ich mir schon gedacht. Ich glaube, das ist sein Abendessen, und den Rest gibt er den Katzen.*

Die Hotdogs waren mir wirklich ein Rätsel. Francisco wusste inzwischen, dass die Katzen die Hotdogs nicht fraßen, dass sie die Hotdogs nicht brauchten, dass sie die Hotdogs gar nicht besonders mochten. Dass es für alle besser wäre, wenn er keine Hotdogs mehr brachte. Dass er mir mit den Hotdogs zusätzliche Arbeit machte. Aber er konnte nicht aufhören zu lächeln, inmitten der ganzen Katzen, die ihm die Pfoten an die Beine legten und sich streckten. Er sah das nicht als Pflicht und wollte auch nicht davon entbunden werden. So fremd mir dieser Ausdruck von Fürsorge war – Hotdogs als Opfergabe, als Ritual, als Zuwendung –, ihm war es wichtig.

Ich versuchte es meinerseits mit einer letzten Opfergabe und bot Francisco eine Großpackung Leckerli an. Ich wusste, dass die Katzen verrückt danach waren. Jedes Mal, wenn ich kam, legte ich ein paar davon aus. Aber er schüttelte energisch den Kopf, als hätte ich schon viel zu viel getan, als könnte er das unmöglich annehmen.

Nein, nein, sagte er und lachte, sein Grinsen so viel breiter, als ich es mir je hätte vorstellen können. *Ich mache das gern!* Und dann schüttete er sich die Hotdogs mit einer Miene in die Hände, als hätte er sich noch nie im Leben mehr auf etwas gefreut, riss sie in kleine Stücke, und warf sie in die Luft wie Konfetti.

Das Taubenhaus

Wir nannten es das Taubenhaus, weil es voll von ihnen war.

Hunderte Tauben lebten in Garten, Schuppen und Gewächshaus, schlafend, flatternd, gurrend, der Boden pudrig von Jahrzenten getrockneten Kots, die Luft von flaumigen Federn erfüllt. Das Atmen fiel schwer. Das Gehen fiel schwer: Im Garten häuften sich Müll und alte Klamotten, verrottende Pappe und Schutt, mit Schimmel überzogene alte Möbelstücke. Draußen war es dunkel, und wir tasteten uns voran, versuchten mit jedem Schritt, festen Boden unter den Füßen zu bekommen. Ich konnte nicht ausmachen, woraus der Untergrund bestand, er fühlte sich gleichzeitig brüchig und weich an, samtig und nass.

Ich ging mit der Taschenlampe in die Knie.

Es waren Tauben. Tote Tauben in allen Stadien der Verwesung.

Der Boden besteht aus Leichen, sagte die junge Frau neben mir, und ich nickte.

Ich war im Taubenhaus, weil es auch voller Katzen war. Das Gebäude war von der Stadt zum Abriss freigegeben worden, die Besitzerin zwangsgeräumt, und im Haus wimmelte es von Katzen. Sie lebten zwischen dem Schutt, brachten unter Schichten von Federn ihre Jungen zur Welt, rauften nächtelang um Vögel.

Mindestens vierzig Stück tummelten sich im Garten, und auch im Haus waren welche eingesperrt. Wie viele, wusste niemand. Vom Garten aus erkannte ich die Abdrücke ihrer Nasen an den Fensterscheiben.

Die Hausbesitzerin hieß Sharon, und sie weinte, stand in der offenen Eingangstür und versperrte mir den Blick ins Innere. Sie warnte mich: Sie habe die Kontrolle verloren. Sei mit dem Putzen nicht mehr nachgekommen. Sie wisse nicht, wie das passiert sei.

Die Katzen, sagte sie, *haben irgendwann alles vollgeschissen.*

Ich weiß, sagte ich.

Und das stimmte. Ich wusste es, weil ich das nicht zum ersten Mal machte. Ich wusste es, weil sie nichts hätte sagen können, was mich weniger überraschte.

Es war das achte Mal, dass ich in einen Tierhorter-Haushalt gerufen wurde, und in gewisser Hinsicht hatte der Schock nachgelassen. Menschen lebten so. Diese Tatsache hatte ich bei all meiner Arbeit mit Katzen schnell gelernt und in meine Sicht auf die Welt integriert. Die Details ändern sich: was genau die Leute sammeln, der Zustand des Hauses, die Anzahl an Tieren, aber jeder Fall ließ mich in derselben Grundstimmung nach Hause fahren, der Erkenntnis, dass ich im Leben viel Glück gehabt hatte, ohne mir je auch nur im Klaren darüber gewesen zu sein, was mir erspart blieb. Bei meinem ersten Tierhorter-Einsatz waren die Katzen quer durch einen Wohnwagen verteilt, alle reglos, und ich musste über Müllberge klettern, um jede Katze zu untersuchen und herauszufinden, welche noch lebten. Bei meinem zweiten Einsatz hatte der Trailer Feuer gefangen und war vor meiner Ankunft abgebrannt. Die Katzen waren noch drin gewesen.

Als ich am Taubenhaus ankam, war ich immer noch unerfahren, hatte aber das Gefühl, mich könnte nichts mehr schocken.

Das wollen wir doch mal sehen, hätte ich am liebsten zu Sharon gesagt, und schließlich ließ sie mich ins Haus, sperrte mir das Gartentor auf, und ich trat ein.

In das Backsteinhaus im Poets Square waren wir mit der Aussicht gezogen, es irgendwann wieder zu verlassen. So war es überall gewesen, wo ich gelebt hatte: Ich bewahrte Sachen in einem Lagerraum auf, ignorierte die kleinen Reparaturen, mit denen man es hätte wohnlicher machen können. Sie waren nicht mein Problem. Ich war nur auf der Durchreise.

Das Haus war gemietet, und wir hatten nur ein Jahr bleiben wollen. Höchstens zwei. Offiziell sparten wir, um eines Tages ein Haus zu kaufen, auch wenn unsere finanzielle Situation und die Lage auf dem Immobilienmarkt das weniger wahrscheinlich machten, als wir gerne zugeben wollten. Was sollten wir denn sparen? Keinem von uns blieb nach den monatlichen Fixkosten etwas übrig. Ich kannte nicht einmal meinen eigenen Kredit-Score. Der Hauskauf war weniger ein echtes Ziel als ein Tagtraum, dem wir beide seit Jahren nachhingen, wenn mal wieder die Miete erhöht wurde, die Nachbarn Krach machten, Vermieter einfach nichts gegen Termitenbefall und undichte Dächer unternahmen.

Der Poets Square war nur eine weitere Station, ein kurzer Zwischenhalt auf unserem Weg in ein beständigeres Leben.

Mit den Katzen hatten wir nicht gerechnet. Wir hatten nicht wissen können, dass sich unser Carport im Laufe des ersten Jahres in ein Refugium für Streunerkatzen verwandeln würde, mit einem allabendlichen Buffet voll Katzenfutter und frischem Wasser, mit beheizbaren Katzenbetten. Dass die Vorsprünge unseres Dachs voller Katzen sein, sie die hintere Veranda in Beschlag nehmen und das Gebüsch auf der Südseite des Grundstücks so vielen von ihnen Unterschlupf bieten würde. Dass wir unsere Nachbarn kennenlernen würden. Dass es uns hier gefallen würde.

Nach einem Jahr im Poets Square machte mich der Gedanke an einen Umzug unruhig, ich fragte mich, ob ich mir je würde leisten können, woanders zu leben, an einem sicheren Ort, an dem mir nicht alles genommen werden konnte. Fragte mich, was aus den Katzen werden sollte, wenn wir gingen. Es lebten immer noch vierzehn Stück hier, die ganz verwilderten, die sich nicht vermitteln oder umsiedeln ließen. Ich konnte mir kein Szenario vorstellen, in dem ich die Katzen zurückließ. Wir beschlossen, einfach weiterhin Einjahresverträge zu unterschreiben. Wir würden eine Weile bleiben.

Im April unseres zweiten Jahrs bat uns die Vermieterin um ein Gespräch. Sie wollte das Haus verkaufen. Wir würden gehen müssen.

Ich will euch nicht auf die Straße setzen, sagte sie. *Aber der Verkauf steht fest.*

Tim machte sich Sorgen ums Geld, er machte sich immer Sorgen ums Geld, aber meine Sorge galt den Katzen, der Aussicht auf einen Umzug, der ganzen Logistik, meiner psychischen Verfassung, meiner Geborgenheit und Bodenhaftung. Ich hatte nicht vorgehabt, mir im Poets Square ein Leben aufzubauen. Mir war nicht klar gewesen, was mir der Ort bedeutete. All die schönen Kleinigkeiten: Tims Risotto, die Leuchtsterne, die Stelle in der Auffahrt, an der ich jeden Abend mit den Katzen saß.

Wir schauten uns nach einer neuen Bleibe um. Wohnungen, in denen Hunde erlaubt waren. Wo verwilderte Katzen erlaubt waren, vierzehn Stück. Nah genug am Poets Square, um jeden Abend zurückzukommen und nach den Katzen zu sehen. Mir war nicht klar gewesen, wie wenig Miete wir bezahlten. Wohnungen in viel schlechterem Zustand als unser Haus sprengten unser Budget. Ich überlegte, ob ich die Vermieterin überreden könnte, beim Verkauf des Hauses eine Klausel zu den Katzen aufzunehmen. Ich überlegte, wer ich wäre, wenn ich nicht mehr dort lebte, nicht mehr in der Auffahrt saß, kein gutes Dutzend Katzen mehr hatte. Konnte ich mich weigern zu gehen? Ich recherchierte zu Mieterrechten, versuchte, möglichst viel Zeit zu schinden.

Die Vermieterin gab Gutachten in Auftrag und bereitete Besichtigungen vor.

Über Wochen zog sich das hin, der ganze Stress, und jeden Morgen wachte ich mit blutigem Mund auf, weil ich mir im Schlaf die Wangeninnenseiten aufgebissen hatte. Wir fingen an, den Kauf des Hauses in Betracht zu ziehen, ich hatte unserer Vermieterin eine panische Nachricht geschickt und gefragt, ob sie nicht direkt an uns verkaufen wolle, aber die Beträge, die die Kreditgeber uns nannten, waren viel größer als erwartet. Ich hatte gerade erst angefangen, mit Social Media Geld zu verdienen, und selbst wenn wir unser ganzes Erspartes für die kleinstmögliche Anzahlung aufbrauchten, wären die monatlichen Raten zu hoch. Jeden Tag schauten wir auf endlose Zahlenkolonnen, Zinssätze, Nebenkosten. Uns fehlten Zehntausende Dollar.

Haben Sie Familie, die Ihnen mit der Anzahlung helfen könnte?, fragte der Kreditgeber. *Irgendwelche anstehenden Boni bei der Arbeit? Erspartes, das Sie antasten könnten?*

Ich hatte offene Arztrechnungen und vierzehn Katzen, die ich inzwischen als meine eigenen betrachtete.

Es war ein letzter verzweifelter Versuch, als ich einen GoFundMe-Link teilte. Ich hatte auf Instagram und TikTok von unserer Lage berichtet, weil ich unter Stress stand und nicht meinen üblichen Katzen-Content postete. Wie sollte ich meinen Followern, meiner gesamten Online Community, erklären, dass ich aus dem Haus rausmusste, mit dem alles angefangen hatte? Dass ich die Katzen würde zurücklassen müssen? In meinem Beitrag dazu versuchte ich, ehrlich zu sein: *Ich habe keine Ahnung, wie es weitergeht.*

Meine Follower reagierten sofort. Sie flehten: *Kannst du nicht ein Crowdfunding starten? Dürfen wir helfen?*

Die Idee klang nicht übel. Wenn uns das Crowdfunding etwas Geld für die Kaufnebenkosten einbrachte, wenn Tim Überstunden schob, ich mir einen zweiten Job suchte und wir uns noch jahrelang abrackerten, könnten wir es hinkriegen. Ich startete das Crowdfunding. Ich teilte den Link.

Und dann, innerhalb von vier Stunden, hatten wir 50.000 Dollar zusammen.

Ich beobachtete, wie die Spenden eintrudelten und die Gesamtsumme sich nach oben bewegte, Dollar für Dollar, und saß fassungslos da, wusste, dass ich jedem Spender einzeln danken sollte, erstarrte aber einfach und versank in einem Gefühl, das ich nicht benennen konnte. Es war eine Mischung aus Dankbarkeit und Unglaube, aus Unbehagen und einer mir bisher unbekannten Erleichterung, die Entspannung eines Muskels, von dem ich nicht gewusst hatte, dass ich ihn angespannt hatte. Mein Leben lang hatte ich die Miete irgendwie zusammengekratzt. Mein Leben lang hatte ich darüber nachgedacht, wo ich als Nächstes hinsollte.

Tim, sagte ich. Er raufte sich gerade den Bart über irgendwelche Beträge. Dann sah er hoch.

Wir haben fünfzigtausend Dollar, sagte ich. Er starrte mich an.

Wir können das Haus kaufen, sagte ich.

Wir können hierbleiben, sagte ich.

Die halbe Nacht blieben wir voll kribbeligem Unglauben wach, angesichts der Möglichkeiten ganz aufgekratzt, und drückten einander die Hände. Als Tim sich schließlich schlafen legte, tat ich dasselbe wie jede Nacht: Ich ging raus und setzte mich im Dunkeln in die Auffahrt, nur ich und die Katzen und die Stille, warf mit Leckerli und staunte darüber, wie klein sie waren und wie wenig sie wussten.

Wir bleiben hier, flüsterte ich Monkey zu, und sie ließ sich zur Antwort auf die Seite plumpsen.

Wegen euch, sagte ich, und sie rollte sich auf den Rücken, entblößte ihren weißen Bauch. Sie war eine der ersten Katzen gewesen, die wir in der Auffahrt entdeckt hatten, eine der ersten, die mich nachts vor Sorge wach gehalten hatten, und all das – diese zwei Jahre voller Liebe und Stress, Tierarztrechnungen und Bangen, zwei Jahre, die ich jeden Morgen und jeden Abend auf demselben Platz in der Auffahrt gesessen hatte, im Schneidersitz, die Katzen knapp außer Reichweite – verschmolz plötzlich zu diesem einen Moment, mit Monkeys Bauch in der Luft und dem Haus um uns herum, das bald uns gehören würde.

In der Ferne, in der Finsternis, sah ich Sad Boy und Lola auf dem Dach sitzen, MK lief über die Motorhaube meines Autos, François kam auf der Suche nach Leckerli auf mich zu. Georgie jagte eine Motte.

Wir bleiben hier, flüsterte ich ihnen zu, wünschte, sie würden mich verstehen, und sie bewegten sich durch die Dunkelheit, nur ihre Augen leuchteten, warfen das Licht zu mir zurück.

Sharon schämte sich für den Zustand ihres Hauses. Sie schämte sich für alles: für die Tauben, die Katzen, die Richtung, die ihr Leben genommen hatte. *Ich bin so nicht*, sagte sie immer wieder.

Ich glaubte ihr. Ich hatte schon einige Häuser und Leben außer Kontrolle gesehen, und es war jedes Mal unvergleichlich tragisch, einen flüchtigen Blick auf die Abwärtsspiralen zu werfen, in die eine Existenz geraten kann. Die meisten meiner Einsätze führten mich in einkommensschwache Viertel, in Trailer Parks, Wohnanlagen, die Gassen dazwischen. Hinter Geschäfte, in die Nähe von Müllcontainern. Die Menschen hausten in Armut, und zwar schon lange, und nicht selten stapelte sich ihr ganzes Leben sichtbar vor einem auf: ein vom Alter vergilbtes Sofa, ein seit mindestens zehn Jahren undichtes Dach, die Flecken längst von Dauer. Berge von Müll, der schon so lange zusammengefault war, dass er seine Form geändert hatte. Ich fühlte mich schwer an diesen Orten, wie ein Störenfried, wie eine Zeugin der Überreste eines Lebens, das nur noch an einem Faden hing.

Das Taubenhaus war riesig, lag auf einem weitläufigen Grundstück in einer wohlhabenden Gegend, und trotz seiner Baufälligkeit konnte ich erkennen, dass es einmal spektakulär gewesen war. Der hintere Garten führte in einen weiteren Garten mit einem verfallenden Gästehaus neben einem alten Gewächshaus. Es gab einen Teich. Eine schattige Veranda mit Flügeltüren. Einen Schuppen mit einer alten Kunstsammlung, die Gemälde zerbröckelnd und von Schimmel überzogen. Kakerlaken, die von überall hervorkrabbelten. Die Tauben.

Überall wanden sich Pflanzen, wuchernd in bunt glasierten Töpfen. Entlang des Hauses hingen Lichterketten, spannten sich über eine Fläche, wo einmal Beete gewesen sein mussten, wurden von Kletterpflanzen zu Boden gezogen.

Ich betrachtete den Garten, den Boden voller Federn und surrender Fliegen, die umkippenden, ineinander stürzenden Müllberge, die dürren Katzen mit riesigen Augen, die zwischen struppigen Grasflächen hin und her schossen, und sah wie in einer Doppelbelichtung, was er einmal gewesen war: ein Ort für Gartenpartys, ein kleines Refugium voller Grün und Vögel, wo jemand sorgfältig den Garten gehegt und frühmorgens mit Kaffee hier gesessen und den Tag begrüßt hatte.

Genau so ein Haus hatte ich mir immer gewünscht. Es war auch jetzt noch schöner als alles, was ich mir je würde leisten können. Während ich Müllhaufen und Taubenkot beiseiteschaffte, tote Tiere aus dem Weg räumte, um an die noch lebenden heranzukommen, morsche Äste abbrach, um damit geborstene Fenster einzustoßen, und unter meiner Schutzmaske den Atem anhielt, ertappte ich mich dabei, wie ein bizarres Gefühl von Neid in mir aufstieg. Eine Bitterkeit. Der Gedanke: *Andere Leute würden töten, um an so einem Ort zu leben, und das ist daraus geworden.*

Sharon weinte. Sharon entschuldigte sich. *Ist schon gut*, sagte ich immer wieder, ohne zu wissen, ob ich es so meinte. Es war nicht gut, wie die Tiere hier litten. Es war nicht gut, dass sie so zwischen ihnen lebte. Zu diesem Zeitpunkt, vor dem Crowdfunding, hatte ich keine Ahnung, wo ich in der Woche darauf leben würde. Ich wollte einen Garten und ein Gewächshaus und eine Kunstsammlung, eine Veranda mit blauen Pflanztrögen und Lichterketten. Ich wollte mir ein Leben aufbauen und es behalten.

Sharon wollte mir ihre Geschichte erzählen. Ein Teil von mir wollte sie hören. Ich war wegen der Katzen da, aber bei meiner Arbeit ging es immer auch um die Menschen, darum, ihnen zuzuhören, Zeugin ihres Scheiterns zu werden. Ein anderer Teil von mir wünschte sich einfach nur, Sharon würde mich meine Arbeit machen lassen. In zwei Tagen würden die Bulldozer kommen, und die Schutthaufen waren immer noch voll fiepender Kätzchen.

Wir waren als Team da und wechselten uns damit ab, Sharon zu trösten, Sharon abzulenken, sie reden zu lassen. Jedem von uns erzählte sie eine andere Version ihrer Geschichte. Sie hatte acht Jahre lang ihre behinderte Mutter gepflegt. Sie war von ihrer Familie verlassen worden, hatte die Rechnungen nicht mehr bezahlen können. Sie kam mit der Wartung des Grundstücks nicht hinterher. Wo die Katzen herkamen, wusste sie nicht. Sie liebte die Katzen. Sie hasste die Katzen. Sie hinkte, erinnerte sich aber nicht mehr, warum. Wohin sie gehen würde, wusste sie noch nicht. Sie würde in ihrem Auto leben. Sie hatte keine Katzen. Nein, hier gab es keine Katzen. Noch nie hatte sie eine Katze gesehen. Tauben? Nein, von Tauben wusste sie nichts.

Ich versuchte, mir Sharon vor zehn Jahren vorzustellen, eine Sharon, der das, was auch immer passiert war, nicht passiert war. Der die Version ihrer Geschichte, die der Wahrheit entsprach – welche auch immer das sein mochte –, nicht geschehen wäre. *Ich wollte mir ja Hilfe holen*, sagte sie immer wieder, und ich glaubte ihr. Stellte es mir vor: Sharon mit vertrauten Menschen, die ihr mit dem Haus halfen, Sharon mit Familie, die sie bei der Pflege ihrer Mutter unterstützte, Sharon mit irgendeiner Art von Sicherheitsnetz, das sie auffing, als sie ins Straucheln geriet. Sharon mit Zugang zu psychologischer Betreuung. Sharon, wie sie sich um den Garten kümmert, ein Vogelhaus mit Futter befüllt, wie sie mit einem Buch auf der Veranda sitzt, im Fleckenmuster des durch die Bäume fallenden Lichts.

Ich gebe mein Bestes, sagte sie, und dann setzte sie sich hin, einfach auf den Boden, und es sah aus, als würde sie nie wieder aufstehen.

Die ganze Nacht gruben wir im Schutt nach Kätzchen. Der Garten wurde immer größer, die Tauben verwesten, der Gestank war unerträglich, über uns die funkelnden Lichterketten. *Hier war es einmal schön*, sagten die Lichter. So viele der schlimmsten Tragödien der Welt schaffen es nicht in die Schlagzeilen. Sie sind einfach da, in Gärten hinter Häusern, die ganz unbemerkt verfallen.

Nachdem ich erfuhr, dass wir das Haus im Poets Square würden kaufen können, setzte ich mich als Erstes in den Garten und stellte es mir vor.

Der Frühling brach gerade an, und alles war tot: das Gras braun, die Bougainvillea von Ameisen zerfressen. Ich hatte nichts gegossen. Es war egal.

Was für ein Luxus, es sich vorzustellen: das Gras grün und sorgfältig gemäht, die blühenden Kletterpflanzen, die ihre Ranken Richtung Himmel ausstrecken. Bunt glasierte Pflanztröge, die teuren, die ich in den Nachbarsgärten anschmachtete. Das Leben, das ich hier führen könnte.

Noch nie war mir eingefallen, mir eine Zukunft auszumalen. Sie zu planen. In meinen Zwanzigern war ich so schwer depressiv gewesen, so auf Kriegsfuß mit der ganzen Welt, dass ich überhaupt nicht auf die Idee gekommen wäre, ich könnte lang genug überleben. Ich hatte nie vorgehabt, älter als dreißig zu werden.

Ich war siebzehn, als ich in meine erste depressive Episode stürzte. Es war, als wäre ein Schalter umgelegt worden: An einem Tag tat mein Gehirn noch, was es sollte, und am nächsten plötzlich nicht mehr. Ich fühlte nichts mehr. Konnte mich an keine einzige Emotion mehr erinnern. Ich hörte auf zu essen. Blieb lange wach und untersuchte die Venen an meinen Handgelenken, ohne etwas zu unternehmen.

Die Depression bereitete mir körperliche Schmerzen, ich kratzte mich, legte mich vor Überwältigung mit dem Gesicht voran auf den Boden, alle Glieder von mir gestreckt, als könnte das Leben selbst über mir vorbeiziehen, wenn ich nur flach genug liegen blieb.

Irgendwann in meinen Zwanzigern erklärte mir ein Arzt, ich hätte die Maximaldosis Antidepressiva erreicht, es gebe keine Optionen mehr, und auch wenn ich später herausfinden sollte, dass das nicht stimmte, prägte es lange Zeit, wie ich mich wahrnahm: als hoffnungslosen Fall. Es wurde zu einem Teil von mir, zu meiner Identität, die ich nicht mehr zu heilen versuchte. Sie machte mich aus, meine Traurigkeit.

Ich zog nach Tucson, um vor mir selbst zu fliehen, jedes Jahr in eine neue Wohnung, kaufte billige Möbel auf Facebook und entsorgte sie wieder. Ich ging leichtsinnig mit meinem Leben um, leichtsinnig mit der Fürsorge der Menschen, die mich liebten. Was spielte es schon für eine Rolle?

Und dann habe ich irgendwann aus Versehen überlebt.

In diesem trockenen Frühling, in dem Haus, das jetzt unseres war, kauften wir einen Schlauch, einen Rasensprenger und eine Gießkanne, und ich wässerte wie eine Besessene am frühen Morgen den Garten, während die Katzen ihr Frühstück fraßen, jätete bei Sonnenuntergang, riss tote Ranken aus, schleppte haufenweise Gestrüpp zum Bordstein. Ich inspizierte jedes neue Blatt an jedem Gewächs, jeden neuen Trieb unserer Kletterpflanzen, immer auf der Suche nach Beweisen, dass etwas wuchs. Dass hier etwas gedeihen konnte.

Die Katzen beobachteten mich vom Dach aus, von ihren Schlupfwinkeln entlang der Mauer, ihren Katzentürmen auf der Veranda, beäugten mich schläfrig, wie ich mit Gartenscheren und Dünger hantierte, stoben auseinander, wenn ich den Schlauch herausholte.

Der Garten war immer mit Katzenspielzeug übersät, und bald gehörte es zu meiner täglichen Routine, die Sachen morgens aufzusammeln, in einen kleinen Korb auf der Terrasse zu legen und dann zuzusehen, wie Lola sie wieder in den Garten jagte, sie mit den Pfoten aufnahm und in die Luft schleuderte.

Die Bougainvillea blühte wieder in üppigem Magenta. Als die Tage heißer wurden, schlüpfte Georgie für ein Nickerchen in den Schatten der Zweige, und später fand ich Blüten in ihrem Fell.

Du bist jetzt ein Mensch, der Blumen sät, sagte ich bei mir und fühlte mich völlig losgelöst von dem Ich, das einst hatte sterben wollen. *Du kaufst dieses Haus. Du stehst früh auf und kümmerst dich um die Katzen in deinem Garten. Du bist am Leben, du bist am Leben, du bist am Leben.*

Die Küche des Taubenhauses hatte eine Arbeitsplatte aus Massivholz und einen blauen Fliesenspiegel.

Ich konzentrierte mich auf diese Details, um mich an etwas festzuhalten, um das alles irgendwie zu verarbeiten.

Ich weiß noch, wie ich am ersten Abend nach Hause fuhr und dachte: *War ja halb so wild.*

Ich weiß noch, wie ich am nächsten Morgen aufwachte und dachte: *Ich kann nicht fassen, wie schrecklich das war.*

Am Abend darauf fuhren wir wieder hin, und ich stand in der Küche, während am Boden Katzen durch ihre eigene Scheiße huschten, mit hervorstehenden Rippen und glanzlosen Augen, und ich dachte: *Das löst alles überhaupt nichts in mir aus.* In der Luft ein Gewaber verschiedenster Gerüche. Buntglas in den Fenstern. An der Wand ein Gemälde mit Schmetterlingen.

Die anderen Teammitglieder, die im Haus arbeiteten, hielten die Blicke gesenkt, verrichteten die Aufgaben in einer Art betäubtem Schweigen.

Wir mussten Fallen aufstellen, weil die Katzen sich nicht von Hand fangen ließen. Für jede einzelne Falle mussten wir uns Pfade freiräumen. Im Wohnzimmer stand eine Badewanne, die Terassentüren hatten braune Flecken, hinter jedem Müllhaufen versteckten sich Katzen. Wenn wir das Klicken einer zuschnappenden Falle hörten, deuteten wir in die Richtung, nickten uns stumm zu und kletterten über die Haufen. Reichten uns gegenseitig Katzen, schafften sie zur Tür wie am Fließband.

In der Küche überkamen mich immer wieder unangenehme Déjà-vus. Wie das orangefarbene Sonnenlicht ins Zimmer fiel.

Dieses Bild mit den Schmetterlingen, das ich mir auch selbst gekauft und bei mir aufgehängt hätte. Die blauen Fliesen, ihr wunderschöner, strahlender Farbton, und diese Arbeitsplatte, wie ich sie mir für meine eigene Küche immer gewünscht hatte.

Mit Mitte zwanzig habe ich in einer Wohnung gewohnt, in der ich eines Morgens davon aufwachte, dass mir eine Kakerlake ins Gesicht fiel.

Ich habe in einer Wohnung gewohnt, wo die Klospülung direkt auf den Hof ging.

Ich habe in einer Wohnung gewohnt, wo ich Zeugin eines erweiterten Suizids direkt vor meinem Fenster wurde, woraufhin ich nicht mehr schlafen konnte.

Ich habe in einer Doppelhaushälfte gewohnt, wo mein Nachbar seine Freundin verprügelte und sie gegen die Wand zu meiner Wohnung hämmerte, bis ich die Polizei rief. Und nachdem die Polizei wieder weg war, nahm der Nachbar die Blumentöpfe auf meinen Eingangsstufen und schleuderte sie brüllend gegen die Mauer, während ich drinnen hilflos am Boden kauerte.

Ich habe im Gästezimmer einer Freundin gewohnt. Ich habe illegal in einem Gemeinschaftsatelier gewohnt. Ich habe mit Bubbles in der Wohnung im ersten Stock gewohnt, wo der Mann im roten Coupé mich von der Bushaltestelle bis vor die Haustür verfolgte.

Das sind alles düstere Erinnerungen, bis ich an die Menschen denke, die mir jedes Mal wieder beim Umzug geholfen haben, die in meinen schlimmsten Zeiten für mich da gewesen sind: meine Freunde mit Sprintern, meine Familie, die in jede neue Wohnung Carepakete schickte, vollgestopft mit knallbuntem Kram, der überall, wo ich wohnte, deplatziert wirkte. Kleine Gesten der Fürsorge, selbst wenn ich sie nicht wollte. All die Gelegenheiten, bei denen ich gedacht hatte, niemand wäre im Notfall für mich da, während sich eigentlich die ganze Zeit Menschen auf Arten um mich kümmerten, die ich nicht als Fürsorge erkannte.

Für ein paar Wochen ging das so. Die Tage verbrachte ich in dem Haus, das jetzt uns gehörte, in unserem Garten, staunte, wie grün alles wurde und über das Leben, das ich jetzt führen durfte. Und am Abend fuhr ich zum Taubenhaus, streifte mir Schutzmaske und Handschuhe über, blinzelte mir flaumige Taubendaunen aus den Augen, watete durch Verwesung, wurde Zeugin eines kaputten Lebens.

Wir zogen Kätzchen aus Schichten von Glaswolle, ihre Köpfe größer, als sie sein sollten, ihre Proportionen grotesk. Wir zogen Kätzchen aus krabbelnden Kakerlakennestern, aus schimmligen Müllhaufen, aus dem feuchten, undichten Küchenboden. Wir fanden ausgewachsene Katzen, alte Katzen, halbstarke Katzen, in allen Farben. Viele Siamkatzen mit taubenblauen Augen, die braune Zeichnung ihrer Pfoten verschwamm mit all dem Schmutz.

Insgesamt holten wir zweiundvierzig Katzen aus dem Taubenhaus.

Das Gebäude wurde zum Abriss freigegeben. Sharon wurde zwangsgeräumt. Sharon weigerte sich zu gehen. Sharon wurde von der Polizei abgeführt, versuchte noch, Katzen mitzunehmen, wohnte in ihrem Auto. Es kursierten Gerüchte, das Anwesen sei bereits verkauft, die Bulldozer schon unterwegs, es solle als Airbnb wieder aufgebaut werden, es würde monatelang unverändert stehen bleiben.

Was stimmt, weiß ich nicht. Ich war nie mehr dort.

In unserem neuen Garten pflanzten wir einen Granatapfelbaum, ein Geschenk von Tims Eltern, in einen riesigen blauen Topf, den wir umsonst am Straßenrand gefunden hatten. Der Baum begann zu knospen, sein Grün sammelte sich im Inneren harter roter Perlen. In kleinen Lebenszeichen.

Der Hauskauf erwies sich als wenig spektakulärer Vorgang. Wir wohnten schon hier. An einem Tag waren wir noch Mieter, am nächsten Eigentümer mit einer Hypothek über die nächsten dreißig Jahre. Ich stellte einen Scheck über 50.000 Dollar aus und versuchte, mir nichts anmerken zu lassen, als wäre das nicht die wahnsinnigste Summe, die ich mir vorstellen konnte. Als wäre das nicht das größte Geschenk meines Lebens.

An diesem Abend fütterte ich die Katzen, wie ich es immer tat, wie ich es jetzt immer würde tun können. Ich hatte das Gefühl, als wäre es irgendwie geschummelt hierzubleiben, als hätte das Leben etwas anderes für mich vorgesehen, dem ich knapp entronnen war. Welche Version meiner Zukunft auch immer da draußen gewartet hätte – in einer anderen Wohnung, einem anderen Haus, fernab der Katzen, verarmt, allein, auf dem Weg in den Wahnsinn, auf dem Boden in einem Garten voller Tauben, komplett neben mir, ohne eine Ahnung, wo mein Leben geblieben, was mit mir passiert und wer ich geworden war –, ich war von ihr verschont geblieben, gerettet von ein paar Leuten aus dem Internet, die sich um die Katzen gesorgt hatten, die ich nie geplant hatte zu finden.

Monkey, François, MK, Georgie, sang ich und brachte ihnen ihr Futter. *Sad Boy, Lola, TJ, Zippy*. In diesem Jahr waren neue Katzen aufgetaucht, aus anderen Teilen des Viertels, und ich hatte für alle neue Näpfe in den Carport gestellt. *Ich bin jetzt für dich verantwortlich*, erklärte ich jeder einzelnen, *und ich werde nie zulassen, dass du leidest.*

Nachts, in dem Haus, das jetzt unseres war, träumte ich von Tauben. Wie aggressiv sie mir ins Gesicht geflogen waren, als ich ihren Nestern zu nah gekommen war. In dem verfallenen Gewächshaus in Sharons Garten hatte ich eine Bewegung gesehen, kleine, zitternde Kreaturen, fast unsichtbar im Lichtkegel meiner Taschenlampe. Ich dachte an Kätzchen, beugte mich zu ihnen, und als mir klar wurde, dass es Küken waren, schossen die Tauben schon auf uns herab, verteidigten ihr Nest, und wir zogen kreischend die Köpfe ein, sahen grotesk flatternde Schattenformationen an den Wänden des Gewächshauses.

Das ist ja wie im Horrorfilm, sagte jemand, und es stimmte, nur dass das hier real war. Es war Sharons Leben, und mich packte die Wut über alles: das Leid, das Haus, die Katzen, die Vögel, alles, was hätte verhindert werden können, wenn nur irgendwer sich früher darum gekümmert hätte, wenn irgendein System richtig funktioniert hätte. Manche der Tauben, das wurde uns später klar, waren zahm. Manche steckten in kleinen Käfigen. Als ich Sharon darauf ansprach, schüttelte sie nur den Kopf.

Du weißt, dass sie nicht in die Wildnis gehören, oder?, sagte sie, als hätte ich etwas richtig Dummes gefragt. *Um richtig leben zu können, brauchen sie Menschen.*

Ich weiß, erwiderte ich. Sie hatte recht.

Nach Vertragsunterzeichnung standen Tim und ich in der Küche und stießen mit winzigen Weingläsern an. Draußen brauten sich Gewitterwolken zusammen, aber sie sahen harmlos aus, bauschig, färbten den Himmel gelb und rosa. Die Katzen verkrochen sich, jede in ihre eigene kleine Nische.

Tim holte ein frisch gebackenes Brot aus dem Ofen. Ich hatte das Gefühl, mich selbst von außen zu sehen, während ich ihn beobachtete, mich in unserem Haus umsah, die Katzen betrachtete, die sich in allen Ecken unseres Gartens versteckten, eine unwirkliche Geborgenheit.

Mir fielen plötzlich die Tauben überall in der Stadt auf, ihre bernsteinfarbenen Augen, die alle meine Bewegungen verfolgten. Sharon tauchte nie in meinen Träumen auf, genauso wenig wie die Katzen. Nur die Tauben, ihre schiere Masse, wie eng sie sich umeinander scharten.

Alles okay bei dir?, fragte Tim, als ich anfing, auf jede Taube zu zeigen, die ich sah.

Ich habe mich noch nie so stabil gefühlt, sagte ich, und meinte es ernst. In diesem Haus, diesem Garten, diesem ganz ungeplanten Leben.

Es ist Freitag, als wir den Papierstapel unterzeichnen, das Haus kaufen. Am Abend regnet es, und am Wochenende ist der Garten taufrisch und grün und übersät mit Pfotenspuren. Ich kenne sie jetzt alle, die verschiedenen Abdrücke, die Verstecke, zu denen sie führen. Tim und ich stehen draußen, einen Arm umeinander, den anderen in der Hüfte, und bewundern unser Haus wie stolze Eltern. *Wir wohnen hier*, sagt er, und ich bin überrascht, als mir die Tränen kommen. Wir haben ein Dach über dem Kopf. Menschen, die auf uns aufpassen.

Wir heben die Plastikkaffeetassen, stoßen mit einem dumpfen Klacken an.

Auf unser Eigenheim, sagt Tim.

Auf die Menschen, die uns helfen, ein Haus zu kaufen, sage ich.

Auf die Katzen, sagt er, und ich nicke. *Auf die Katzen.*

Überall in der Stadt geben Menschen ihr Bestes. Und ich bin hier in unserem kleinen Garten und immer noch am Leben.

Eine unvollständige Liste der von mir vergebenen Katzennamen

Monster Paws
Karl Havoc
Breadstick
Disco
Eggroll
Toyota Rav4
Hot Pocket
Lobsterfest
Kevin
Turnip
Zoboomafoo
Mr. Business
Jimmy Neutron
Chaps
Baby Spice
Pigeon
Meatloaf
John Denver
Audio 2000
Tony Hawk
Party Time
Shrek
Big Thunder
Seabiscuit
Spicy Michael
Lunchbox
JPEG
Scrapyard
Trapezoid
Dunkaroo
Sponge
Banjo
Jeffrey Kisses
Shrimpy Bill
Showbiz
Cool Ranch
Flavortown
Toyotathon

Strudel
Salami
Reduced Fat Sour Cream
Big Cheddar
Big Tim
Barbara
Derek
Mr. Jones
Blink-182
Dumptruck
Mr. Trash
Ghost
Noam Chomsky
Sharky
Feral Fawcett
Uncle Leo
Linguini
Ham Boy
Clementine
Godzilla
Sad Mouth Sam
Alien
Tropicana
Pulp Free
Christian Dior
Feral Gerald
Jetpack
Coleslaw
Ramona Quimby
Doppler Radar
Weasel
Stilton
Fig Jam
Trader Joe
Wizard
The Mayor
Dinky
Lola
Baby Paws
Kool-Aid Man
Ballpark Frank
Lou Bega
Mambo #5
Reverse Monkey
Egg
Gale Force Winds
Surf and Turf
Rump Roast
Tomasito
Crunchwrap Supreme
Jumble
Big Daddy Havarti
Diet Coke
Monkey
Shovel
Long John
Cow
Yukon Gold Potato
Mr. Ears

Danksagung

Dieses Buch ist das Produkt Tausender Menschen, die mich geliebt, unterstützt, sich für mich eingesetzt, mir etwas beigebracht, Trost gespendet und den Rücken gestärkt haben.

Danke:

Meiner Agentin Caroline Eisenmann, die schon bei den ersten dreißig Katzen Potenzial in meinem Projekt gesehen hat, und meinen Lektorinnen Libby Burton und Helen Garnons-Williams, die sich von Anfang an für dieses Buch starkgemacht haben. Allen bei Crown und Fig Tree, die an diesem Buch beteiligt waren.

Kati Standefer, die meinen Anruf entgegengenommen hat, Melissa Goodrich für die Arbeit an den frühen Entwürfen, Robin Garabedian, dafür, dass du von Anfang an wusstest, dass es so kommen würde (und für die süßen Hundebilder).

Meinen Lehrern Dr. Kerop Kenneth „Doc" Chakemian und Bill Bourbeau.

Ian Williams: mein Herz. Ohne dich wäre das alles nicht möglich gewesen.

Sam Buck, die meinen Erfolg wie ihren eigenen gefeiert hat.

Kieran Carney, für die täglichen Textnachrichten, die mich am Leben halten.

Ethan Myerson und Keri Dixon: Ihr gehört zu den besten Menschen, die ich kenne.

Serena, Tiffany, Tannie und Crystal: Dass ich euch kennengelernt habe, hat zu einer radikalen Wende in meinem Leben geführt. Der Aktivismus, die Großzügigkeit und Solidarität, die ihr mir vorgelebt habt, haben mich verändert.

Madison Bertenshaw, die mich nach Tucson gebracht hat.

Katy Botelho, die angeblich nicht noch mehr Katzen brauchte.

Rose Thor für unsere gemeinsame Vision von Gott als Straßenkatze.

Maureen, für Bubbles.

Der Tucson-Katzen-Bande: Angéline Fahey, MP Ibarra, Pablo Gamas, Gerald „Human Gerald" Montag III, Abby Goeller, Annie Hallett, Rachael „Lil Rachael" Milles, Scully Young, Eebee Schaefer, Alexis Ormsby-Clay, Garrett Steinbroner, Rachel Tomlinson, Lori Mares, Chelsea Powers, Shannon Partridge, Isaac Stockton, Kristen Kiernan, Stephania Falcon, Sasha Wilson, Summer Hanson, Beth Manar, Corina Valencia, Wendy McFeely, Todd und Karen Rose, Emily Barratt-Shields und so viele andere. Team Eartip: Ihr seid die Besten.

Allen bei der Santa Cruz Veterinary Clinic, bei der Humane Society of Southern Arizona und beim Pima Animal Care Center.

Will Zweigart und dem ganzen Flatbush-Cats-Team.

Der Poets-Square-Cats-Community, die mir in alldem zur Seite steht. Für die lieben Nachrichten, die Spenden, das Haus: Ich kann mich nicht genug bei euch bedanken.

Meinen Eltern und meiner Familie, für alles.

Tim, der sich nie dreißig Katzen gewünscht hat. Ich liebe dich.

Allen, die sich in TNVR-Programmen engagieren, um Streunerkatzen kümmern, Tiere in Obhut nehmen, im Tierschutz arbeiten, gerettete Tiere transportieren, Tierbesitzer mit den nötigen Ressourcen versorgen, sich für ihre Gemeinschaft starkmachen, an gegenseitige Hilfe glauben, immer eine Dose Thunfisch im Auto haben, die Nummer aller Tiernotdienste auswendig kennen, sich für eine erschwingliche tierärztliche Versorgung einsetzen, die ganze Nacht aufbleiben und Fallen bewachen, Streuner füttern, füreinander da sind und daran glauben, dass Hoffnung eine kollektive Aufgabe ist.